# Growth Hacking mit Strategie

Hendrik Lennarz

# Growth Hacking mit Strategie

## Wie erfolgreiche Startups und Unternehmen mit Growth Hacking ihr Wachstum beschleunigen

Springer Gabler

Hendrik Lennarz
Lennarz Consulting
Köln, Deutschland

ISBN 978-3-658-16230-6 ISBN 978-3-658-16231-3 (eBook)
DOI 10.1007/978-3-658-16231-3

Die Deutsche Nationalbibliothek verzeichnet diese Publikation in der Deutschen Nationalbibliografie; detaillierte bibliografische Daten sind im Internet über http://dnb.d-nb.de abrufbar.

Springer Gabler


Springer Gabler ist Teil von Springer Nature
Die eingetragene Gesellschaft ist Springer Fachmedien Wiesbaden GmbH
Die Anschrift der Gesellschaft ist: Abraham-Lincoln-Str. 46, 65189 Wiesbaden, Germany

*„Ich widme dieses Buch unseren Babys.
Mögen sie ganz natürlich und vor allem
gesund wachsen.“*

# Vorwort

**Vom Produktmanager zum Growth Manager**
Ich bin jetzt schon seit über zwölf Jahren hauptberuflich im Online-Business unterwegs. Nach einigen Online-Projekten, die ich schon während meines Studiums starten und vorantreiben konnte und darüber das Programmieren und das Online-Marketing wirklich gelernt habe, stieg ich nach Abschluss meines Wirtschaftsinformatik-Studiums 2006 sofort als IT Consultant bei Trusted Shops ein. Wir waren damals insgesamt erst elf Mitarbeiter und hatten knapp 1000 Online-Shops als Kunden. In den ersten Monaten habe ich viel an unseren Systemen herumprogrammiert und unter anderem den shopbetreiber-blog.de konzeptioniert, implementiert und mit Traffic versorgt. Zur Erinnerung: Es war damals die Zeit vom Web 2.0, also die Zeit von Firmenblogs und Ajax und Ähnlichem. Facebook, Instagram, WhatsApp, Snapchat, Pokemon Go und Co. noch lange nicht in Sicht. So lange ist das schon her.

2009 launchten wir bei Trusted Shops ein offenes Kundenbewertungssystem für Online-Shops. In nur drei Monaten schafften wir es mit einem nur dreiköpfigen Team, das Tool zu konzeptionieren, implementieren und dann den knapp 2500 Bestandskunden über Nacht zur Verfügung zu stellen. Ohne es vorauszuahnen, war das damals meine Initialzündung für das digitale Produktmanagement.

Ich war Produktmanager und für den Betrieb, die Weiterentwicklung und auch das Marketing des Produktes verantwortlich. Später haben wir das Produktmanagement konsequent immer weiter aufgebaut und durch schlanke agile Scrum-Teams ausgestattet. Heute würde man dazu wohl „Agile Transformation“ sagen. Die kontinuierliche Weiterentwicklung des Produktportfolios, die Internationalisierung, die Verbesserung interner Prozesse und natürlich vor allem der Aufbau sowie der Betrieb des gesamten Teams gehören seitdem zu meinem persönlichen Tagesgeschäft.

Mittlerweile besteht die Business Unit „Product & Technology“ bei der Trusted Shops GmbH aus etwa 50 Personen. Product Owner, Scrum Master, Developer, IT-Architekten, UXler, Business-Analysten, Project Manager, Online-Marketing-Manager und Growth Hacker – eben alles, was tolle digitale Produkte zum Wachsen und für den Erfolg benötigen.

**Mein erster Kontakt mit Growth Hacking**

Ich werde sehr oft gefragt, wie ich überhaupt das erste Mal mit dem Thema Growth Hacking in Kontakt gekommen bin. Als ich Anfang 2014 einen Artikel von Aaron Ginn auf techcrunch.com mit dem Titel „Defining A Growth Hacker“[1] gelesen habe, fiel mir das Keyword „Growth Hacker“ direkt ins Auge. Cooles Wort, gute Headline, toller Artikel. Erstmalig fand ich meine persönliche Jobbeschreibung in einem Blogartikel komplett gespiegelt. Was macht also ein Growth Hacker? „Maximal viele Nutzer gewinnen, diese mit einem tollen Produkt beglücken und das möglichst automatisiert und auf Userdaten basierend.“ Das mache ich ja schon seit meinem Jobstart bei Trusted Shops im Jahr 2006. Ich bin anscheinend ein Growth Hacker. Cooler Jobtitel, oder?

Bestehende Dinge neu zusammenzuschrauben und einen tollen Namen draufzuschreiben, das konnten die Amerikaner schon immer besonders gut. Leider hatte ich bisher nie einen anständigen Namen für meinen Beruf gefunden. Und ich meine nicht die Bezeichnung, mit der ich meinen Eltern meinen Beruf erklären könnte. Dann hätte ich Arzt oder Rechtsanwalt werden müssen. Nein, es geht darum, unter Gleichgesinnten erklären zu können, was ich den ganzen Tag so mache.

Ein paar Berufsbezeichnungen, die ich schon hätte verwenden können in den letzten Jahren: Produkt Manager, Projektmanager, Customer Experience Manager, SEO Manager, SEM Manager, Social Media Manager, Product Marketing Manager, CTO, CIO, Developer, Product Owner, Scrum Master, Information Architect, Business Analyst, Data Analyst, Business Development Manager, Entrepreneur, Agile Coach, Team Leader usw.

Alle Disziplinen habe ich entweder schon selbst ausgefüllt oder zumindest verantwortet. Bis heute begleiten mich diese glücklicherweise immer noch in meinem Tagesgeschäft. Ich liebe das digitale Business mit all seinen Disziplinen. Vor allem aber das Zusammenspiel der verschiedenen Disziplinen, das uns alle immer wieder vor neue Herausforderungen stellt. Aus diesem Grund habe ich in meinen Teams immer wieder das Motto #productlove propagiert. Damit versuche ich zu verdeutlichen, dass jeder im Unternehmen das Produkt lieben sollte, damit das Unternehmen wirklich erfolgreich sein kann. Ohne die richtige Portion Produktliebe wird es schwer.

Hast Du auch mit der Bezeichnung „Growth Hacker“ oder „Growth Marketer“ endlich die geeignete Berufsbezeichnung für Dich gefunden? Ganz egal, ob Du

- im Start-up oder im großen Unternehmen,
- als Gründer oder Angestellter,
- als Team-Player oder Abteilungsleiter,
- als Investor oder Stakeholder,
- als UX-Designer, Scrum-Master oder Developer,
- als Student mit Lust auf Produktentwicklung
- oder als Growth Hacking Profi

unterwegs bist: Wer wissen möchte, wie es möglich ist, mithilfe der User tolle Produkte zu bauen, diese möglichst vielen Usern zugänglich zu machen und dann bestenfalls auch noch damit Geld zu verdienen – der ist hier genau richtig.

**Was erwartet Dich?**
Dass die kostenpflichtige Vollversion meines eBooks „Growth Hacking für Non-Startups und Startups“ über 500-mal heruntergeladen worden ist, hat mich schon sehr überrascht. Ich hätte nicht gedacht, dass sich ein derart strategisches Thema so einfach besetzen lässt. Ein Trendthema, allerdings offensichtlich immer noch ein Nischenthema.

Nach gut 1,5 Jahren ist es jetzt Zeit für ein Update. Viel zu viel ist seitdem in dieser digitalen Welt passiert. Neue Start-ups sprießen aus dem Boden und neue disruptive Business-Modelle sowie Technologien sind entstanden. Natürlich haben wir alle auch unzählige neue Erfahrungen gemacht und Hunderte von neuen Growth Hacks ausprobiert. Zudem musste ich in den letzten Wochen in Workshops und Webinaren immer wieder die gleichen Fragen bezüglich „meiner persönlichen Growth Hacking Challenge“ beantworten.

Es bot sich also an, das „kleine“ eBook nicht nur einem Facelifting zu unterziehen, sondern es vielmehr komplett neu zu schreiben und neu zu strukturieren. Zeit also für ein richtiges Buch – eine ganz andere neue Growth Challenge für mich.

Das Buch „Growth Hacking mit Strategie“ beinhaltet im Kern meine ganz persönlichen Erfahrungen im digitalen Business. Hunderte von Tipps, echten Geschichten und Growth Hacks, wie erfolgreiche Start-ups und Unternehmen mit Growth Hacking ihr Wachstum beschleunigen können. Vor allem aber auch Storys über Fehler, die gemacht wurden, die man sich selbst einfach sparen kann.

Jetzt aber viel Spaß und schickt mir einfach eine E-Mail mit Fragen oder Feedbacks direkt an hendrik@lennarz-consulting.de.

PS: Unter Growth Hackern ist das „Du“ die gängige Ansprache, daher habe ich das Du auch im Buch gewählt.

Köln, Deutschland Hendrik Lennarz

## Literatur

1. Ginn, Aaron. 2012. https://techcrunch.com/2012/10/20/defining-a-growth-hacker-growth-is-not-a-marketing-strategy/. Zugegriffen: 4. Okt. 2016.

# Inhaltsverzeichnis

# Über den Autor

**Hendrik Lennarz** ist seit mehr als zehn Jahren im Online-Business als Digital Product Manager und Growth Hacker unterwegs. Ein Großteil seiner Erfahrung basiert auf seiner Tätigkeit als Executive Director Product & Technology bei dem E-Commerce-Dienstleister Trusted Shops. Dort synchronisiert Lennarz bis zu sieben agile Product-Teams mit insgesamt über 50 Personen. Parallel dazu baut Lennarz die Growth Hacking Academy auf, denn seine Leidenschaft gilt der Entwicklung einer Growth Hacking Umgebung für Start-ups und Unternehmen jeglicher Größe – angefangen bei der agilen Transformation ganzer Organisationen über die Entwicklung innovativer Produkte bis hin zur erfolgreichen Einführung digitaler Business-Modelle in die Märkte.

# Abbildungsverzeichnis

# Growth Hacking vs. Growth Management

1

## 1.1 Was ist Growth Hacking?

Ist „Growth Hacking" das nächste große Ding wie damals Web 2.0 und Social Media? Oder doch nur ein weiteres Buzzword in der digitalen Szene? Selbst erfahrene Produkt- und Marketing-Experten tun sich mit der Einordnung des Begriffs oftmals noch sehr schwer. Manche halten Growth Hacking für das clevere Befeuern aller verfügbaren Online-Marketing Methoden, andere wiederum als Synonym für virales Marketing. Beides ist nicht das, was echte Growth Hacker unter Growth Hacking verstehen. Aber was genau ist es?

Growth Hacking ist eine Marketing-Technik, die von Start-ups und kleinen Unternehmen entwickelt wurde mit dem Ziel, möglichst schnell und kosteneffizient Nutzer zu gewinnen (siehe Abb. 1.1. Was ist Growth Hacking). Dies erfordert das Zusammenspiel von Kreativität, analytischem Denken, Programmierung und sozialen Metriken in sehr strategischer Weise, stets mit dem Ziel bedingungsloses User-Wachstum (Growth).

Noch ein bisschen klarer wird es, wenn man sich die beiden Begriffe „Growth" und „Hacking" einmal im Detail anschaut.

Growth – ist das englische Wort für Wachstum, Anstieg oder Zunahme. Bezogen auf das Web ist das Wachstum der Useranzahl gemeint.

Hacking – „To hack into a system" ist der englische Begriff für „in ein System eindringen". Trifft auf den ersten Blick auch nicht so ganz, oder? Vielleicht doch. Wichtig ist zu verstehen, dass ein Hacker immer ein bestimmtes Ziel verfolgt und verschiedenste Methoden ausprobiert, um in das System einzudringen. Ein Hacker muss sich dabei nicht an vorgegebene Prozesse halten. Vielmehr muss er wirklich alles ausprobieren, um sein Ziel zu erreichen. Hier sind viel Erfahrung, Know-how, Ausdauer und Kreativität gefragt. Ein Computerhacker ist dafür ein



H. Lennarz, *Growth Hacking mit Strategie*,
DOI 10.1007/978-3-658-16231-3_1

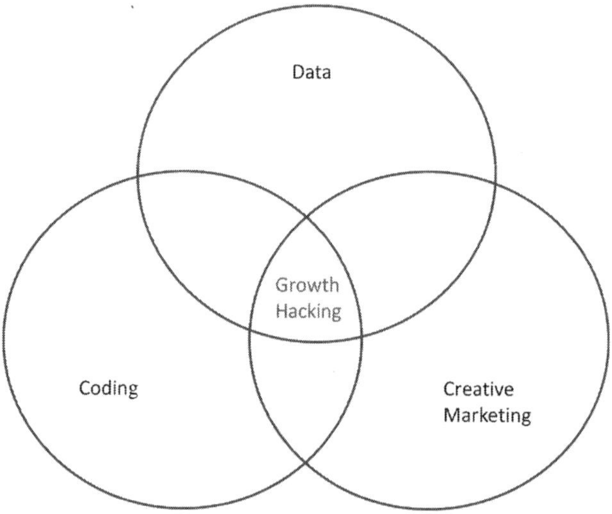


**Abb. 1.1** Was ist Growth Hacking?

gutes Beispiel. Mal abgesehen von der kriminellen Energie, die bei Hackern oftmals vorherrscht. Das ist beim Growth Hacking nicht der Fall.

Früher bezeichnete man Growth Hacking als Marketing-Mix, der von der Marketing-Abteilung verantwortet und auch vollständig ausgeführt wurde. So habe ich das zumindest noch an der Universität gelernt. Aber genau dort liegt der Unterschied. Growth Hacking ist crossfunktional und gilt als ein Zusammenspiel aus Marketing, Produkt, Technologie, Human Resources, Customer Service, Sales und nicht zu vergessen der Geschäftsführung. Alle mit dem gleichen übergeordneten Ziel: Growth.

Die Herausforderung ist demnach, diese verschiedenen Themen und Verantwortlichkeiten in Einklang zu bringen. Der digitale Wandel, der mobile Hype, der Durchbruch von Social Media, das Internet of Things, Big Data und natürlich der Zugriff auf nahezu unbegrenzte Rechenleistung, Speicherkapazität und Technologien durch CloudServices machen es heute möglich, in Windeseile Millionen von Nutzern anzusprechen und von seinem Produkt zu überzeugen.

Ein häufiges Missverständnis herrscht jedoch vor. Growth Hacking sei günstiges Marketing für Start-ups. Ein Trugschluss. Denn nur weil die Growth Hacking Aktivitäten nicht mehr ausschließlich unter der Marketingkostenstelle verbucht werden, kostet Growth Hacking auf jeden Fall auch Geld. Neben Geld auch immer jede Menge Zeit. Denn ohne ausreichend Zeit zum Experimentieren funktioniert ein Growth Hacking Prozess nicht. Genauso wenig wie ohne ein gutes Produkt, für das es keinen Markt gibt, weil es kein Problem der Nutzer wirklich sinnvoll löst.

**Der 1. offizielle Growth Hack: Hotmail**

Bei der Definition für Growth Hacking darf der allererste offizielle Growth Hack aus dem Jahr 1996 nicht fehlen. Die Kollegen Sabeer Bathia und Jack Smith starteten den Web-Mail-Service Hotmail.com. Mit 300.000 US$ Startkapital bewarben sie ihr neues Produkt mit großen Werbeplakaten und Radio-Werbung. Die Growth-Strategie ging nicht wirklich auf. Bis ihnen ein Idee kam:

> PS: I Love You. Get your free E-Mail at Hotmail [1]

Dies war der Satz mit einem Link auf ihre Homepage dahinter, den sie in die Fußzeile jeder versendeten E-Mail über Hotmail automatisch integrierten. Innerhalb der ersten sechs Monate meldeten sich eine Million neue Nutzer an. Nur fünf Wochen später zählten sie schon zwei Millionen neue Nutzer. Es funktionierte (vgl. Abb 1.2 Hotmail.com User Sign ups) [2].

Viele verstehen den Growth Hack auf den ersten Blick nicht. Bedenkt bitte, dass es damals einfach noch keine Webmailer wie Gmail oder GMX gab. Es gab lediglich Outlook Express auf dem Rechner der Eltern – also lokal an einem einzigen PC. Dieser PC war nicht von überall zugänglich. Insofern war das Produkt

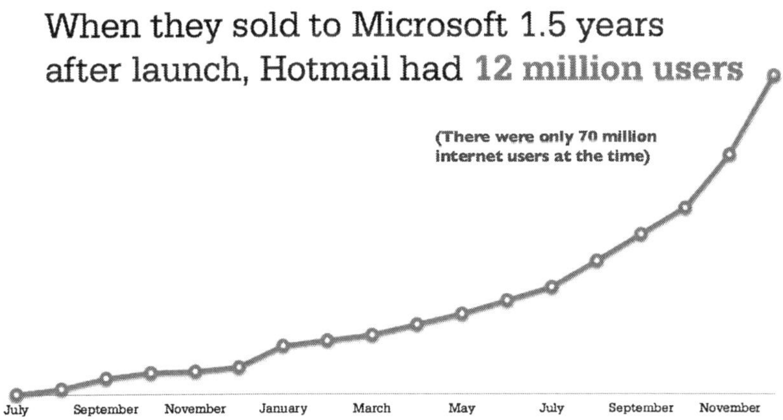


**Abb. 1.2** Hotmail.com User Sign Ups im Verlauf [2]

Hotmail natürlich auch eine echte Produktrevolution: „E-Mails schreiben und lesen von überall.“

Als die Gründer Hotmail.com 1,5 Jahre später an Microsoft verkauften, hatten sie 8,5 Mio. User. Zu diesem Zeitpunkt gab es nur 70 Mio. Internet-Nutzer weltweit.

Der Growth Hacking Effekt ist relativ einfach zu erklären. Der Satz „PS: I Love You.“ war äußerst kreativ, da die Empfänger der E-Mail sich wohl dachten „Was ist denn da los, wer schickt mir denn so etwas Nettes?“ Mit einem Klick gelangte man auf die Landingpage von Hotmail.com, die dann nur noch ihren Dienst verrichten musste: den Menschen einen kostenlosen E-Mail Account anzubieten, den man von jedem Computer der Welt abrufen kann.

Das Marketing glänzte mit einer sehr kreativen und günstigen Idee auch genau zum richtigen Zeitpunkt mit dem richtigen Channel an die richtige Zielgruppe. Und zwar komplett ohne Werbung!

Das Beste daran: der Skaleneffekt. Mit jeder weiteren versendeten E-Mail wurde gleichzeitig die Botschaft einmal mehr versendet. Facebook, Groupon, Pinterest, Zynga, Airbnb, Instagram oder Snapchat folgten bekanntlich mit ähnlichen Ansätzen [3].

**Der momentan neueste offizielle Growth Hack: Pokemon Go**

Im Juli 2016 hat sich nicht nur die Internetwelt ein bisschen verändert, sondern damit einhergehend auch die reale Welt. Was der Launch der Virtual Reality Mobile App Pokemon Go für Android und iOS in der Welt ausgelöst hat, ist ein schier unglaubliches Phänomen. Mein Facebook Stream war überfüllt mit Status-Meldungen erwachsener Menschen, die berichteten, dass sie ein Pokemon eingesammelt hatten. Es kursierten zudem Videos und Fotos von unzähligen Menschen, die auf ihr Handy starrend draußen in der Welt an irgendwelchen Pokemon-Punkten herumlungerten und auf ihr Handy starrten. Kaum zu glauben, dass kein einziger Pokemon Go-Spieler vom Lkw überfahren wurde. Zumindest nicht offiziell.

Ein Growth Hack? Nein, nicht einer, sondern mehrere. Klar ist, dass der Einsatz eines nostalgischen Gamer-Themas wie Pokemon, von geschickten Gamification-Elementen, der unglaublich echten Verbindung zwischen Online- und Offline-Welt (Virtual Reality – VR) offensichtlich diesen Wachstumseffekt beschleunigen konnten. Natürlich basiert Pokemon Go bereits auf Tausenden von Usern des VR-Games Ingress sowie den damit bereits vorhandenen Pokestops. Die App startete also weder bei der Anzahl der User bei null noch bei der Anzahl der Pokestops. Ein echter Business Development Growth Hack. Aber dieses

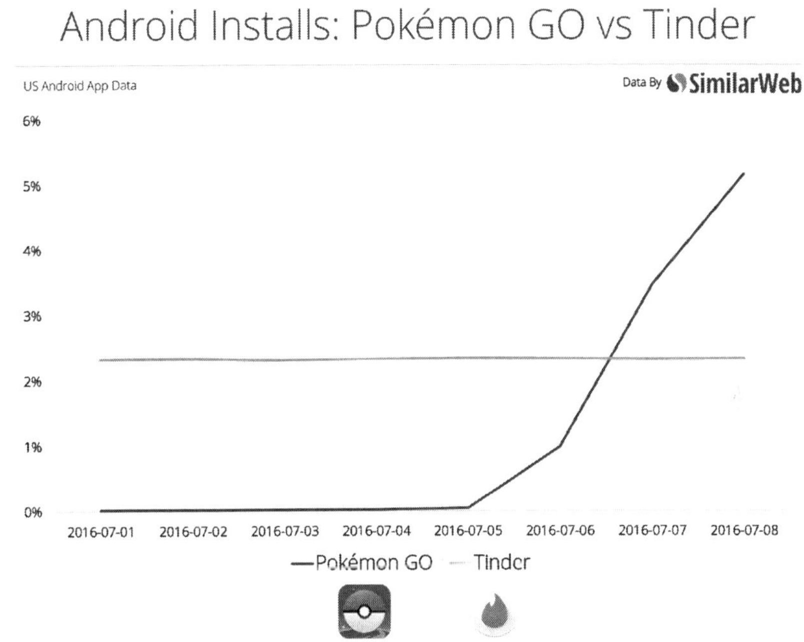


**Abb. 1.3** Pokemon Go Downloadzahlen im Vergleich zu Tinder [4]

Wachstum in dieser Geschwindigkeit war dennoch unglaublich (vgl. Abb. 1.3 Pokemmon Go Downloadzahlen).

Natürlich geht der Hype irgendwann vorbei. Download-Zahlen beruhigen sich, und die Wiederkehrraten der User (Retention Rates) normalisieren sich wieder. Glaubt man den Analysten von Apptopia, dann ist die Anzahl der aktiven User von Mitte August 2016 mit 50,2 Mio. bis Mitte September 2016 auf 32,4 Mio. gesunken. Die durchschnittliche Verweildauer in der App sank ebenfalls von 6,82 min auf 5,41 min [5].

Insider bestätigen allerdings, dass die Wiederkehrraten von Pokemon Go jedoch immer noch deutlich besser sind als die der beliebten Gaming Apps Candy Crush oder Clash of Clans (vgl. Abb. 1.4 Pokemon Go Aktivierungszahlen). So haben Analysen ergeben, dass im Durchschnitt 77 % pro der User nach dem Download einer Android App diese schon 72 h später nicht mehr nutzen [6]. Aber bei der riesigen Masse an Usern von Pokemon Go, die garantiert länger an der App hängen bleiben werden, wird das Geld verdienen wohl gelingen. Alles

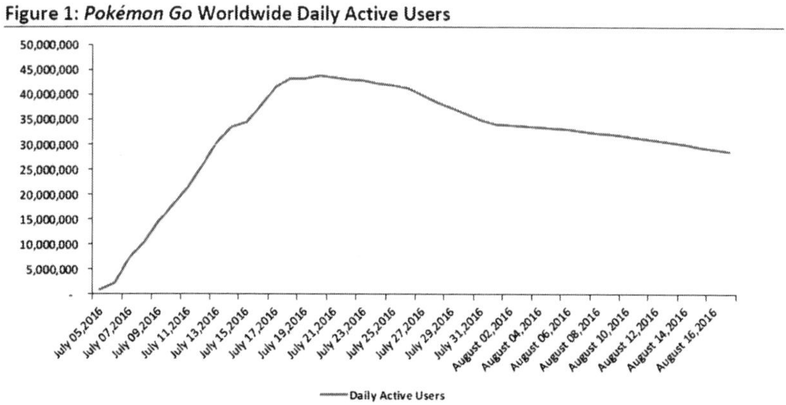


**Abb. 1.4** Pokemon Go Aktivierungszahlen im Verlauf

andere wäre es meiner Sicht eine große Überraschung bei einer derart großen Anzahl von Usern, die man gewinnen konnte.

## 1.2 Was ist ein Growth Hacker?

„A Growth Hacker is a person whose true North is Growth." Sean Ellis, Founder von Growthhackers.com [7]

Diese Beschreibung von Sean Ellis, dem Gründer der Growth Hacking Plattform Growthhackers.com, bringt es aus meiner Sicht nicht ausreichend auf den Punkt. Warum? Weil ein Growth Hacker meist nicht in einem luftleeren Raum arbeitet. Natürlich muss ein Growth Hacker komplett Richtung Nutzerwachstum ausgerichtet sein. Aber letztendlich auch sein gesamtes Umfeld. Sonst ist er chancenlos und wird seine Ziele nicht erreichen können.

Was ein Growth Hacker auf jeden Fall immer sehr konsequent durchsetzen muss ist, dass er bei jeder strategischen Entscheidung, die es im Unternehmen zu treffen gilt, stets verdeutlicht, „Welche Auswirkung hat diese Entscheidung auf das Ziel maximaler Growth?" Manchmal unbequem, aber im Optimalfall wird somit Entscheidern die Priorisierung einfacher gemacht.

„Growth Hackers are a hybrid of Marketer and Coder." Andrew Chen, Growth Hacker von Uber [8].

Diese Definition von Andrew Chen ist ebenfalls nicht falsch, aber auch nicht komplett vollständig. Natürlich muss ein Growth Hacker ein guter und vor allem kreativer Marketer sein. Wenn er dann auch noch zusätzlich programmieren kann oder zumindest gelernt hat, Code zu lesen beziehungsweise mit Programmierern direkt auf Augenhöhe zu sprechen, wird ihm das enorm helfen.

**Beispiel**

Kein Growth Hacker der Welt möchte auf den Einbau eines Google Adwords Conversion Pixel auf einer Landingpage warten müssen. Das eigene Skillset und natürlich auch der eingesetzte Technologie-Stack müssen es ermöglichen, jederzeit auf den Quellcode der Websites oder auf das Content Management System zugreifen zu können.

Aber warum ist die Definition von Andrew Chen nicht vollständig? Ich bin sicher, Dir fallen auch ein paar Eigenschaften ein, die ein Growth Hacker notwendigerweise haben sollte. Ich persönlich ergänze unbedingt noch die Eigenschaften Allrounder und vor allem Daten-Nerd.

Warum Allrounder? Eigentlich sucht die IT Welt doch immer nur nach Spezialisten und nicht nach Generalisten. Zudem hat mein Opa immer gesagt „Jemand, der alles kann, kann nichts richtig." Heute weiß ich, dass mein Opa als Handwerker eigentlich selbst generalistisch veranlagt war und handwerklich wirklich alles konnte.

In der IT-Welt spricht man heute häufiger vom T-Shaped-Profil, welches jedes Unternehmen und jedes Start-up für sich zu gewinnen versucht. Am Beispiel eines Growth Hackers bedeutet dies, dass er in möglichst vielen Themen aktiv mitspielen kann. Wie oben bereits erwähnt geht es um die folgenden Disziplinen:

- Marketing
- Produkt
- Technologie
- Human Resources
- Customer Service
- Sales

Das T-Shaped-Profil sieht zudem noch mindestens eine Spezialisierung in einer dieser Disziplinen vor (vgl. Abb. 1.5 T-shaped Profil).

Ich persönlich bezeichne demnach das perfekte Growth Hacker Profil allerdings als Pi-Shaped, also mit einer sehr breiten Basis und zwei Spezialisierungen statt nur einer. Dabei bieten sich für einen ausgezeichneten Growth Hacker die

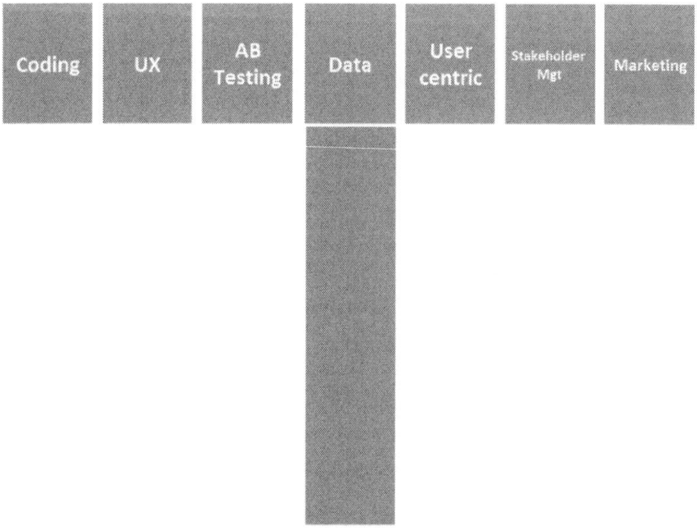


**Abb. 1.5** „T-Shaped“-Profil eines Growth Hackers

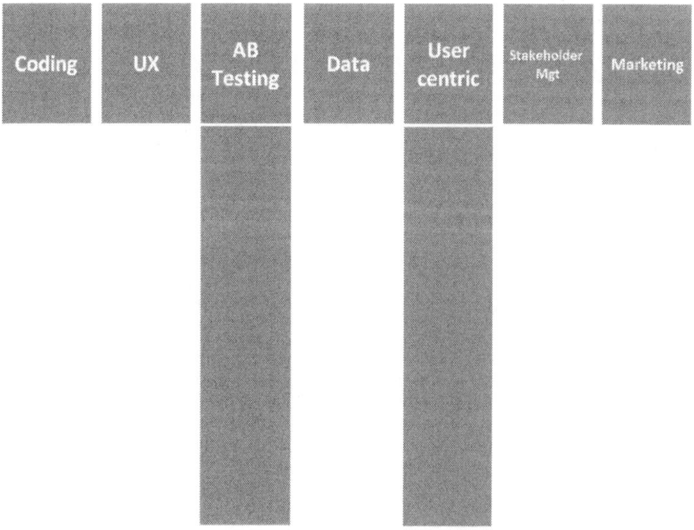


**Abb. 1.6** „Pi-Shaped“-Profil eines Growth Hackers

Spezialisierungen Daten/Analytics sowie Coding besonders an (vgl. Abb. 1.6 Pi-shaped Profil).

Neil Patel, Co-Founder von Kissmetrics, bestätigt dies. Auf meine Frage, mit welchen Skills ein Growth Hacker im besten Fall ausgestattet sein muss, antwortete er:

> Ein Growth Hacker muss in der Lage sein: Daten zu verstehen und zu interpretieren. Kreativ zu denken, um andere Wege zu finden, als die Konkurrenz es tut. Muss sich vollständig in die Lage des Kunden versetzen können, um ihm auch wirklich eine perfekte Lösung für sein Problem anbieten zu können [9].

Aber warum eigentlich immer wieder Daten? Einer der größten Unterschiede des modernen Growth-Marketings zum klassischen Marketing der letzten Jahrzehnte ist, dass wirklich jedes Growth-Experiment sehr genau ausgewertet werden kann. Ein guter Growth Hacker vergisst weder das Anhängen von Tracking Codes an Kampagnenlinks noch den Einbau des Google Adwords Conversion Pixels auf seiner Landingpage. Seinen Customer Lifecycle beherrscht er zudem im Schlaf, da dessen Optimierung seine Priorisierung bestimmt. Ein Growth Hacker ist immer in der Lage, den Return on Invest (ROI) eines Growth-Experiments zu berechnen. Dafür müssen valide Daten jederzeit vorliegen, verständlich visualisiert sein und natürlich richtig interpretiert werden. Nicht einfach, aber eine notwendige Hausaufgabe eines guten Growth Hackers.

### 1.2.1 Definition Growth Hacker

Ich werde selbst oft gefragt, was ich denn unter einem Growth Hacker verstehe. Meine persönliche Definition eines Growth Hackers:

> A Growth Hacker is a hybrid of Marketer, Coder and Data-Scientist with given instinct to Growth.

### 1.2.2 Was macht ein Growth Hacker den ganzen Tag?

Erfahrungsgemäß ist ein Growth Hacker dann am glücklichsten, wenn er den ganzen Tag völlig unabhängig von anderen Growth Hacks finden, priorisieren, ausführen, analysieren und daraus lernen kann.

Diese Bedingungen findet man allerdings selten vor, weder in Start-ups noch in etablierten Unternehmen, da es immer Abhängigkeiten gibt. Wohlgemerkt sind Abhängigkeiten nicht immer nachteilig. Jemanden zu haben, der tollen Copytext schreiben oder tolle Banner-Ads erstellen kann, ist sicherlich auch für jeden Growth Hacker ein gern gesehenes Geschenk.

Eine der schwierigsten Aufgaben für einen Growth Hacker und seine Umgebung ist der Start. Womit soll ich anfangen? Sind die KPIs erst mal definiert und der Customer Funnel aufgesetzt, muss dieser nur noch mit Nutzern gefüllt werden. Aber dafür gibt es ja Hunderte Growth Hacks, oder?

Welche sind die besten Growth Hacks, die die Nadel tatsächlich bewegen? Die Liste der Growth Hacks und Marketing-Channels ist mittlerweile unendlich lang. Um herauszufinden, welche Growth Hacks wahrscheinlich am besten funktionieren, gibt es das sogenannte Bulls-Eye-Framework von Gabriel Weinberg, Gründer von DuckDuckGo und Co-Autor des Buches „Traction: A Startup Guide to Getting Customers" (vgl. Abb. 1.7 Bulls-Eye-Framework) [10].

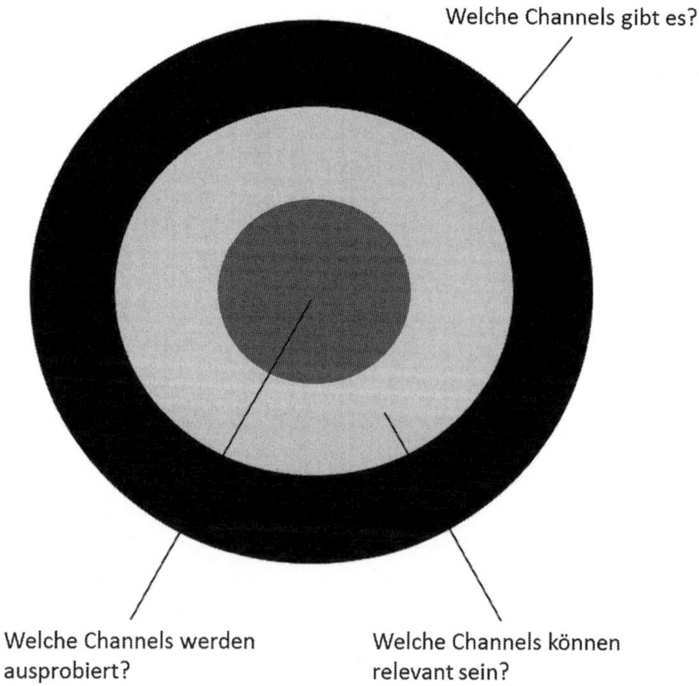


**Abb. 1.7** Bulls-Eye-Framework von Gabriel Weinberg [10]

In das dreistufige Bulls-Eye-Framework lassen sich alle Ideen und Growth Hacks einordnen. Der allererste Schritt ist eine Brainstorming Session, in der alle einzelnen Traction-Channels aufgelistet und in den äußersten Ring eingeordnet werden. Vom Messebesuch über das Schalten von Fernsehwerbung im Nischen-Kanal XY bis hin zu einer Sticker-Kampagne in der Einkaufsstraße. Wirklich alles, unabhängig davon, ob Online- oder Offline-Werbung.

Der nächste Schritt ist, die womöglich besten Traction-Channels aus dem äußersten Ring in den mittleren Ring zu bewegen. Diese werden ausgewählt auf Basis von Erfahrungen des Unternehmens in der Vergangenheit oder auch Erfahrungen des Growth Hackers aus anderen Projekten. Wenn möglich, können kurze Tests gefahren werden, um den Nutzen des Channels direkt auszuprobieren. So erhält man schon eine recht valide Priorisierung.

Bevor es dann wirklich losgeht, müssen jetzt maximal drei Channels in den inneren Ring, das Bulls-Eye, bewegt werden. Dazu sollten folgende Fragen beantwortet werden:

1. Was kostet mich ein Neukunde, den ich über diesen Channel gewinnen möchte?
2. Wie viele Kunden kann ich über diesen Channel maximal erreichen?
3. Sind die Kunden, die ich über diesen Channel gewinnen kann, wirklich die richtigen Kunden?

Natürlich wollen wir Channels finden, die möglichst günstig möglichst viele der richtigen Kunden finden. Dies ist der Growth Hacking Style.

Warum betreibt man diesen ganzen Aufwand im Vorfeld? Dazu ein Beispiel. Die meisten CEOs glauben, dass Messebesuche immer noch supereffektiv sind. „Ohne geht's doch nicht und die Konkurrenten sind doch auch alle da." So richtig messen kann man den ROI eines Messestandes allerdings nicht, oder? Selbst die Leads und die Visitenkarten, die auf Messen eingesammelt werden, kommen im Nachgang meistens in die gleiche E-Mail-Liste wie alle anderen auch. So hat das klassische Marketing nun mal über Jahre funktioniert.

Beim Growth Hacking wollen wir aber genau diesen einen Traction-Channel herausfinden, der die Growth-Nadel wirklich bewegt. Um diesen zu finden, muss man leider viel ausprobieren und lernen, aber sobald man ihn gefunden hat, müssen die vorhandenen Marketing-Ressourcen und Budgets auf genau diesen Channel gesetzt werden.

**Beispiel Google Adwords**

Nehmen wir das Beispiel Google Adwords. Solange das eine Keyword-Set, welches eine möglichst große Anzahl der richtigen User zu den richtigen Kosten auf die Landingpage spült, nicht gefunden ist, gilt der Adwords-Kanal nicht als Growth Hack. Zu teuer, zu wenige User. Findet man allerdings das richtige Keyword, welches im Optimalfall auch noch ein ordentliches Suchvolumen in Google aufweisen kann, so kann man das Adwords-Budget komplett auf dieses Keyword-Set setzen, um wirklich 100 % der User zu erhalten. SEO-Maßnahmen für dieses Keyword werden natürlich umgehend folgen, um die Kosten weiter reduzieren zu können.

Das Finden und Auswringen dieses einen Channels ist die große Herausforderung des Growth Hackers und bereitet ihm schlaflose Nächte. Das Bulls-Eye-Framework kann ihn dabei als sehr einfache Projektmanagement-Methodik unterstützen, wie ich aus eigener Erfahrung bestätigen kann.

## 1.3 Growth Hacking in Start-ups vs. Non-Start-ups

Der Begriff Growth Hacking wurde in der Start-up-Szene geprägt. In Start-ups, wo quasi im Normalfall eine Ressourcenknappheit herrscht. Wenige Mitarbeiter, wenig Geld, wenig Zeit, kein Traffic etc. Oftmals fehlt, je nach Wachstumsphase, sogar noch das Produkt. Alles gute Gründe, die für das möglichst schnelle Finden eines Marktes sprechen, damit dem Start-up nicht auf halbem Weg schon die Luft ausgeht. Wie viele Geschichten haben wir alle schon gehört, in denen die Produktentwicklung zu Beginn teurer wurde als gedacht und im Anschluss dem Team die Expertise, die Zeit und das Geld für das richtige Marketing gefehlt hat. Leider ist dies nicht nur beim Berliner Flughafen der Fall.

Kreative und kostengünstige Methoden, um schnell an Reichweite zu gewinnen, sind deshalb vor allem bei Start-ups sehr beliebt. Denn nur die wenigsten Start-ups haben die Möglichkeit, kostspielige TV-Kampagnen zu schalten. Zumal der Effekt von TV-Kampagnen schwer im Vorfeld zu messen beziehungsweise einzuschätzen ist.

Jetzt denkst Du vielleicht: „Verdammt, wir sind gar kein Start-up mehr, aber wir haben trotzdem keine Kohle für eine TV-Kampagne." Stimmt's? Kein Problem, so geht es uns allen. Deswegen rennen mittlerweile alle Start-ups zu der TV-Show auf VOX „Die Höhle der Löwen." Die meisten bekommen dort zwar kein Investment, aber immerhin eine ordentliche Reichweite im TV. Die gute

Nachricht ist, dass die meisten Start-ups und Unternehmen ja niemals eine TV-Kampagne geschaltet haben oder jemals schalten werden. Denn es gibt ausreichend Growth Hacks, die sowohl Start-ups als auch bestehenden Unternehmen als Wachstumsbeschleuniger dienen können.

Erfahrungsgemäß sind das Einplanen und Ausführen von Growth Hacks in kleinen Start-up-Teams deutlich einfacher und effizienter umzusetzen als in bestehenden Unternehmen mit bestehenden Organisationsstrukturen. In der Regel gibt es noch keine großen Abhängigkeiten zur Technik, zum Marketing oder sonstigen Stakeholdern, die es in mittelständischen und großen Unternehmen nun mal immer gibt. Alle ziehen bedingungslos an einem Strang, sonst hat das Start-up keine Chance. In wachsenden Unternehmen wird diese Herausforderung allerdings zu einer immer größeren Managementaufgabe mit jedem weiteren Mitarbeiter, der hinzukommt.

Dies sind nur einige Gründe, warum so viele CEOs, CMOs, CIOs, CPOs – oder wer das Nutzerwachstum in einem Unternehmen auch immer zu verantworten hat – Growth Hacking so interessant finden. Die bekannten Growth Hacking Beispiele von Dropbox, Airbnb, Hotmail, Uber und Co. [3] erscheinen auf den ersten Blick derart trivial, dass man sich schnell zum Gedanken verleiten lässt, dass man so etwas ja mit ein bisschen Growth Hacking genauso gut hinbekommen kann.

Leider ist dem nicht so. Die Historie des Gründers von Pokemon Go John Hanke – dem aktuellsten Beispiel für ein Hochgeschwindigkeits-Wachstum – verdeutlicht, dass man auch mal 20 Jahre an seiner Idee immer weiterarbeiten muss, bis sie dann zum richtigen Zeit am richtigen Ort abgeht wie eine Rakete [11]. Schließlich hat Hanke einige erfolgreiche prominente Projekte hinter sich. Angefangen bei Meridian 59 mit der Entwicklung von 3-D-Rollenspielen. Weiter ging es mit der Entwicklung von Google Earth sowie später Google Maps und Google Street View. 2010 gründete Hanke innerhalb des Google-Konzerns Niantic, um neuartige Computerspiele zu entwickeln. Eines davon war Ingress im Jahr 2013, bei dem die Nutzer auf einer App andere Mitspieler herausfordern sollten, real existierende Gebiete zu erobern. Ingress diente dann später als Grundlage für den Erfolg von Pokemon Go.

Zufall ist es meines Erachtens jedoch nie. Vielmehr das Geschick, die richtige Idee am richtigen Markt mit dem richtigen Angebot und vor allem dem richtigen Wachstums-Modell am Start zu haben. Hört sich einfach an, ist es aber leider nicht. Vor allem, da sich Marktbedingungen heutzutage quasi wöchentlich vollständig ändern können – ein Fluch und ein Segen gleichzeitig.

> **Growth Hacking allein reicht nicht aus** Start-ups und etablierte Unternehmen müssen vielmehr konsequent daran arbeiten, eine Umgebung zu schaffen, in der das einfache Planen, Ausführen und Messen von Growth Hacks mit möglichst wenigen Umwegen und Widerständen möglich ist.

Statt von Growth Hacking kann man in diesen Fall sicherlich auch von Growth Management sprechen: die Implementierung einer Umgebung, in der Growth Hacking überhaupt erst möglich ist.

## 1.4 Was ist Growth Management?

Das Arbeiten in einem Start-up unterscheidet sich deutlich von der Arbeit in „größeren“ Unternehmen. So zum Beispiel quantitativ durch:

- Anzahl der Mitarbeiter
- Kürze der Entscheidungswege
- Märkte
- Systeme
- Prozesse

Aber auch qualitativ durch:

- Markenbekanntheit
- Position im Markt
- Alter des Marktes
- Länge der Mitarbeiterzugehörigkeit
- Mitarbeiterloyalität

All diese Punkte sind einerseits ein Fluch, andererseits aber auch einen Segen. Generell habe ich festgestellt, dass Growth Hacking in Unternehmen gegenüber Start-ups vor allem in der Geschwindigkeit der Umsetzung von Growth Hacks den größten Unterschied ausmachen kann. Warum gibt es keine Literatur zu „Change-Management für Start-ups“?

**Praxisbeispiel Willkommens-Mail**

Wir möchten eine Willkommens-Mail automatisiert aus dem System an jeden Neukunden schicken. Super wichtig, denn der erste Eindruck zählt, nicht nur in der Liebe. Im Start-up ist diese Mail schnell vom Gründer selbst geschrieben, von einem beliebigen Entwickler per API des Mail-Providers hinter den Anmeldeprozess gehängt und heute Abend schon live im AB-Test beim ersten Kunden angekommen. Oder noch einfacher: Man entscheidet sich dafür, als Test die neue Willkommens-Mail manuell und persönlich an die nächsten zehn Neukunden zu versenden. Schneller kann man kein Feedback bekommen, ob die neue Mail wirklich das bringt, was man sich von ihr erhofft. Vorteil: superschnell, mega-agil, kaum Abhängigkeiten. Nachteil: wahrscheinlich eine niedrigere Qualität.

Im Unternehmen muss diese Willkommens-Mail erst mal im richtigen Team beziehungsweise bei dem richtigen Verantwortlichen eingegeben und priorisiert werden. Natürlich mit der Hoffnung, dass man auch Zeit, Lust und die Ressourcen dafür hat. Ich bin sicher, viele kennen diese Situation nur zu gut. Mindestens genauso sicher bin ich, dass viele diese Situation mindestens genauso wenig mögen, wie ich es tue. Aber es ist irgendwann geschafft, für das Quartal 4 in 2016 wurde die neue Willkommens-Mail tatsächlich eingeplant. Glück gehabt. Die Mail wird erstellt, in zwölf Sprachen übersetzt, geht noch unzählige Male ins Proofreading und wird dann letztendlich vom Marketing-Leiter persönlich freigegeben.

Vorteil: Versand an große Kundenbasis möglich, höhere Qualität durch „Super-viele-Augen-Prinzip“, deutlich mehr technische Möglichkeiten. Nachteil: viel langsamer, größerer Ressourcenaufwand. Kein schnelles Feedback der Kunden möglich. Zudem ist oftmals am Ende niemand mit dem Ergebnis wirklich zu 100 % glücklich, da jeder einzelne Beteiligte einen Kompromiss eingehen musste.

Ob eine neue Willkommens-Mail wirklich ein Growth Hack ist oder nicht, darüber lässt sich sicherlich streiten. Aber niemand sollte sich heute die Chance entgehen lassen, seinen Neukunden mit der nettesten und im besten Fall persönlichsten Willkommensnachricht zu begrüßen. Im Zweifel sogar höchstpersönlich.

Ein Growth Hack, den ich selbst schon mehrfach ausprobiert habe, ist der „Sent from my iPhone“ Hack. Schreibt einfach unter die Willkommens-Mail die iPhone-Standard-Signatur „Sent from my iPhone“ und formuliert diese Auto-Mail genauso, als wenn sie von euch oder dem CEO selbst kommt. Der Neukunde fühlt sich enorm gebauchpinselt, eine persönliche Nachricht vom Chef zu bekommen. Die Klickraten dieser Mails sind meist sehr gut, vor allem, wenn man um Feedback bittet.

Um nicht auf der Liste der Disruptionsopfer der Digitalisierung oder der gescheiterten Start-ups zu landen, sollte man stets hinterfragen, wie gut die eigene Growth Hacking Umgebung bereits ausgebaut ist. Ein paar Beispiele:

- Ziehen alle Abteilungen an einem Strang? Ist dieser Strang Growth?
- Habt ihr das richtige Team?
- Habt ihr eine Fehler-Erlaubt-Kultur?
- Wie agil könnt ihr Produkte entwickeln?
- Lieben euch die Kunden?
- Habt ihr alle notwendigen Daten für den Customer Lifecycle?
- Steht euer Management zu 100 % hinter Growth?
- Sammelt ihr aktiv Kundenfeedbacks ein?
- Build – Measure – Learn habt ihr schon verinnerlicht? (vgl. Abb. 1.8 Build – Measure – Learn)

Für größere Unternehmen gilt, dass vor allem die Existenz „eigener" vorhandener Ressourcen wie Entwickler, Analysten, Designer, Juristen, Texter, Brand-Manager, Kundenservice-Teams und Co. sowie ein bereits vorhandenes Branding in der Zielgruppe und größere Budgets zu einem Wettbewerbsvorteil gegenüber den Start-ups gemacht werden müssen, statt im Tagesgeschäft zu behindern. Der Auf-

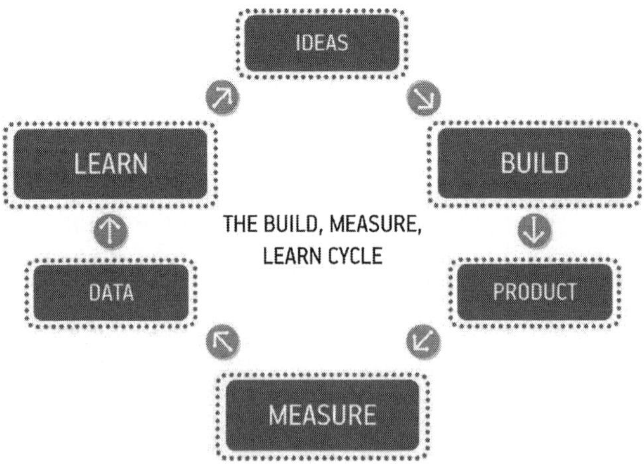


**Abb. 1.8** Build – Measure – Learn [12]

bau einer richtigen Umgebung, die vom Growth Hacking Spirit „Wir wollen das Produkt richtig groß machen" angetrieben wird, gilt in der Gründerszene als das Maß der Dinge.

## Literatur


1. Gastautor. 2009. https://techcrunch.com/2009/10/18/ps-i-love-you-get-your-free-email-at-hotmail/. Zugegriffen: 4. Okt. 2016.
2. Griffel, Mattan. 2012. http://www.slideshare.net/mattangriffel/growth-hacking/19-July_September_November_January_March. Zugegriffen: 4. Okt. 2016.
3. Patel, Neil. 2015. http://neilpatel.com/2015/03/17/how-to-use-growth-hacking-to-attract-and-retain-customers/. Zugegriffen: 4. Okt. 2016.
4. https://www.similarweb.com/app/google-play/com.nianticlabs.pokemongo/statistics. Zugegriffen: 4. Okt. 2016.
5. Barrett, Brian. 2016. https://www.wired.com/2016/09/pokemon-go-just-fine-without/. Zugegriffen: 4. Okt. 2016.
6. Dye, John. 2016. http://www.androidauthority.com/77-percent-users-dont-use-an-app-after-three-days-678107/.
7. Ellis, Sean. 2010. http://www.startup-marketing.com/where-are-all the growth-hackers/. Zugegriffen: 1. Okt. 2016.
8. Chen, Andrew. 2012. http://andrewchen.co/how-to-be-a-growth-hacker-an-airbnbcraigslist-case-study/. Zugegriffen: 1. Okt. 2016.
9. Vorträge auf der BitsandPretzels Konferenz vom 25–27.10.2016 in München. https://www.bitsandpretzels.com/.
10. Weinberg, G. 2014. *Traction: A startup guide to getting customers,* 19 f. New York: S Curve Publishing.
11. Schmieder, Jürgen. 2016. http://www.sueddeutsche.de/digital/augmented-reality-dieser-mann-machte-pokemon-go-zum-millionenphaenomen-1.3081958. Zugegriffen: 1. Okt. 2016.
12. Croll, A. 2013. *Lean analytics: Use data to build a better startup faster.* Sebastopol: O'Reilly Media, Inc.

# 2 Agile Transformation

Wie sollte eine Organisation aussehen, damit möglichst schnell und flexibel auf Veränderungen des Marktes oder Innovationen reagiert werden kann? Ein Wunsch, den erfahrungsgemäß Start-ups wie auch Unternehmen gleichermaßen in sich tragen. Erst recht wenn man sich bewusst und aktiv mit dem Aufbau einer Growth Hacking Umgebung beschäftigt. Ohne das notwendige agile Mindset einer Organisation, bestehend aus Entwicklungsprozessen sowie den Mitarbeitern selbst, wird es sehr schwer, die Growth Rakete wirklich zu zünden. Der Slogan *„If you fail, fail fast"* bringt es dabei auf den Punkt. „Schnell agieren statt reagieren. Fehler erlauben, aus Fehlern lernen." Je schneller, desto besser.

Eine sehr gute Nachricht. Für die agile Entwicklung von Produkten, Webseiten, Apps oder sonstigen Systemen existieren heute unzählige Methoden beziehungsweise Frameworks, die einen sehr guten Startpunkt liefern können. Agile Projektmanagementmethoden wie Scrum oder Kanban gelten als die bekanntesten und erfreuen sich zunehmender Beliebtheit.

Welches der agilen Projektmanagement-Frameworks man einsetzen sollte, ist schwierig zu sagen. Professionelle Scrum-Coaches fragen in der Regel immer als Erstes nach dem zu erreichenden Ziel und nach den zur Verfügung stehenden Ressourcen. Der Vergleich mit Gabel und Löffel macht deutlich, dass man immer individuell entscheiden sollte, auf welche Methodik man letztendlich setzt.

> Möchte man eine Suppe essen, nimmt man einen Löffel und kommt mit der Gabel auch nicht weit. Möchte man ein Steak mit Pommes essen, ist es genau anders herum.

Meine eigene Erfahrung hat gezeigt, dass Scrum für größere Projekte mit mehreren Teams besser geeignet ist. Scrum erscheint mir deutlich strukturierter und transparenter als Kanban. Kanban ist hingegen für kleine agile Teams, wie sie


H. Lennarz, *Growth Hacking mit Strategie*,
DOI 10.1007/978-3-658-16231-3_2

oft in Start-ups vorzufinden sind, besser geeignet, da es ein wenig flexibler im Umgang mit Regeln zu sein scheint. So zumindest meine Erfahrungswerte.

Als ich persönlich das erste Mal durch Roman Pichler und sein Buch „Agile Product Management with Scrum: Creating Products that Customers Love" [1] von agilen Entwicklungsmethoden hörte, fiel mir auf, dass ich viele Punkte schon lange in zahlreichen Projekten immer wieder umgesetzt hatte. Allerdings kannte ich die Theorien bzw. Methoden dahinter gar nicht. Erschreckenderweise liegt mein eigenes Studium dafür wohl zu weit zurück. Heute werden „Agile Methoden" ganz sicher an den meisten Hochschulen gelehrt, sodass die Absolventen hoffentlich mit den Prinzipien „Lean Start-up" oder „Done is better than perfect" frühzeitig infiziert werden.

Als wir 2013 bei Trusted Shops die beiden unabhängigen Abteilungen Produktmanagement und IT zusammengelegt haben, drängte sich schnell Scrum als Organisationsstruktur und Entwicklungsmethodik auf. Natürlich studierte ich im Vorfeld erst mal fleißig die Theorie, um genau zu verstehen wo die Vor- und Nachteile von Scrum für ein Nicht-Start-up liegen können. Das Studieren der Theorie, inklusive der Zertifizierung zum Scrum Professional, verdeutlichten mir jedoch sehr schnell, dass das Scrum-Framework zwar gut zu uns passen würde, aber leider nicht eins zu eins anzuwenden ist.

Vor allem die Perspektive, dass wir nicht nur ein einziges Product-Team nach Scrum ausrichten wollten, sondern mehrere Teams, verkomplizierte die Umsetzung schon im Vorfeld. Der iterative Gedanke half uns jedoch dabei, mit einem Product-Team zu starten und die weiteren Teams sukzessive nach und nach aufzustellen. So konnten wir zumindest vermeiden, Fehler ständig zu wiederholen. Jedes Team lernt noch heute im besten Fall von den Fehlern der anderen. Nicht ganz einfach, aber machbar.

Oft zeigt sich nach ein paar Monaten, dass man die für den Erfolg von Scrum existenzielle Bedeutung der Kernelemente nur noch nicht richtig verstanden hat, zumindest wenn man sie unbewusst weglässt. Ich bin sicher, jeder der mit Scrum arbeitet, weiß, wie schnell es passieren kann, dass man sich nicht mehr zu 100 % an die Scrum-Vorgaben hält. Man spricht in diesem Fall gern von ScrumButs. Typische Beispiele für einen ScrumBut sind [1]:

Wir arbeiten mit Scrum, aber wir …

- verzichten auf den Scrum Master, da das Team nicht groß genug ist.
- verlängern Sprints, bis das Ziel erreicht ist.
- schätzen einzelne Aufgaben nicht im Detail, da dies zu aufwendig ist.
- lassen Retrospektiven aus, da sie zu zeitaufwendig sind.
- teilen Ressourcen zwischen den Teams, weil wir nicht genug Ressourcen haben.

- lassen den Product Owner alles allein entscheiden.
- halten das Produkt-Backlog nicht transparent vor.

Bei Trusted Shops hat sich der Einsatz von Scrum als goldrichtig erwiesen. Vor allem bewährte es sich, die Vorgaben des Scrum-Frameworks regelmäßig abzuwägen und zu hinterfragen. Auch das ist schließlich eines der Kernelemente von Scrum – die Retrospektive.

Das Teilen von Ressourcen und die stets notwendige Abstimmung zwischen den Teams untereinander zu inhaltlichen oder auch technischen Abhängigkeiten sind für Unternehmen mit mehreren Produkten, unterschiedlichen Zielsetzungen und Verantwortlichkeiten eine große Herausforderung. Nur durch ein übergreifendes Produktportfolio-Management und technische Abstimmungsrunden kann das Einhalten der Firmenziele und -Visionen gewährleistet werden.

Das Netz ist voll mit Erfahrungsberichten zu Scrum, meistens angewendet auf ein einziges agiles Team, wie im Start-up vorzufinden. Ich beschäftige mich jetzt schon seit Jahren intensiv mit dem Aufbau und Betrieb multipler Scrum-Teams für ein stets wachsendes Produktportfolio und sich ständig ändernde Marktbedingungen.

Gefühlt ist das für mich persönlich das Herzstück meiner bisherigen beruflichen Laufbahn, da es sich hier um mein eigenes Team handelt. Ich habe mir die notwendigen Rollen und Positionen selbst überlegt, gesucht, gefunden, angelernt und weiterentwickelt. Allesamt Individuen mit unterschiedlichen Charakteren, die mit mir zusammen meine persönliche Growth Challenge bestreiten. Alle müssen an einem Strang ziehen und zumindest eine ähnliche Motivation in sich tragen, um die eigenen Erwartungen ständig übertreffen zu können. Ein sehr wesentlicher Erfolgsfaktor für funktionierendes Growth Hacking.

Glücklicherweise kann man sich auf bestehende Methoden und Best Practices von Gleichgesinnten stützen, wenn man sich nicht alles selbst erarbeiten möchte. Anwenden und Ausprobieren muss man jedoch schon selbst. Ganz im Sinne eines guten Growth Managers. Ein gutes Konzept, um herauszufinden, ob Scrum das richtige Projektmanagement-Framework ist oder nicht, nennt sich Lego 4 Scrum von Alexey Krivitsky [2]. Mit Hilfe von Legosteinen lassen sich so die Scrum-Prinzipien spielerisch in kleinen Teams erlernen und natürlich auch ausprobieren. Zudem sind auch die Veröffentlichungen der Musik-Sharing Plattform Spotify zu ihrer agilen Organisation sehr interessant, so spricht man hier von interdisziplinären autonomen Squads [3]. Dies kommt der Weiterentwicklung der Scrum-Teams, die wir bei Trusted Shops aufgebaut haben, schon ziemlich nahe.

## 2.1 Customer Development

Neben agilen Entwicklungsmethoden, dem richtigen Team mit der richtigen Aufstellung und dem Zeitraum, in dem man auf dem Markt sein kann, ist die Fokussierung auf Kundenbedürfnisse der sicherste Weg für ein erfolgreiches Produkt. Der Spruch „Der Kunde ist König" hört sich immer so einfach an, oder? Ich bin sicher, dass jeder schon einmal einen Kunden vor der Nase oder am Telefon hatte und gedacht hat: „Lass mich doch einfach in Ruhe." Erwischt?

Allerdings ist vielen Menschen nicht klar, dass sie genau in dieser Situation den meisten anderen einen großen Schritt voraus sind. Denn sie sprechen gerade mit dem Kunden und verstecken sich nicht im Keller und entwickeln einfach immer weiter an ihrer Vision, ohne das Kundenfeedback einzubeziehen.

Darüber hinaus ist das Feedback eines unzufriedenen Kunden um ein Vielfaches mehr wert als ein „Alles war super" oder „Alles bestens". Zumindest wenn es konstruktiv und gerechtfertigt ist.

**Beispiel Kundenfeedback**

Ein einfaches Beispiel aus einem Restaurant. Der Kellner fragt beim Abräumen der leergeputzten Teller: „Hat denn alles geschmeckt?" Die Gäste antworten: „Ja, das Essen war wirklich ausgezeichnet. Vielen Dank. Gestört hat uns allerdings diese laute Musik im Hintergrund und es war uns die ganze Zeit ein bisschen frisch. Aber sonst war alles super." Wenn der Chef nach diesem Feedback seine Speisekarte umstellt, seinen Koch zusammenstaucht und an seinen Rezepten feilt, selbst schuld. Neben tollem Essen ist vielen Restaurantgästen das Ambiente oftmals mindestens genauso wichtig wie die Qualität des Essens selbst. Das Gleiche gilt natürlich für die Freundlichkeit und Geschwindigkeit des Service-Personals. Kundenfeedbacks müssen also nicht nur regelmäßig eingeholt, sondern bitte auch immer korrekt interpretiert werden. Dazu gehört, negative Bewertungen nicht überzubewerten.

### 2.1.1 Kundenfeedbacks einsammeln

Wie findet man am einfachsten heraus, was die Kunden wirklich wollen? Genau, indem man mit ihnen spricht. Es existieren heute Hunderte Tools und Wege auf dem Markt, mit denen man seine Kunden oder potenziellen Kunden befragen kann. Ein paar Beispiele:

- Umfragesoftware
- Feedback-Fragebögen online oder per Post
- Online-Kundenbewertungssysteme
- Dem Kundenservice oder dem Vertrieb zuhören
- Nach Kundenkontakten Mitarbeiter Feedbackbögen ausfüllen lassen
- In Produkt-Communities stöbern
- An Meet-ups/Konferenzen teilnehmen
- Live-Chats auf der Website einbinden
- Telefon-Umfragen
- Testphasen für neue Produkte anbieten (Beta-Phasen)
- User Labs
- Crowdtesting

Natürlich unterscheiden sich diese Beispiele, vor allem im Aufwand der Umsetzung und der Anzahl, Tiefe und der Länge der Feedbacks. Ohne hier eine Empfehlung für den einen oder anderen Weg geben zu wollen, kann ich aus eigener Erfahrung bestätigen, wie wichtig es ist, dass man Kundenfeedback überhaupt einholt. Im besten Fall völlig automatisiert. Denn nur ein kontinuierlicher Strom an Kundenfeedbacks ermöglicht eine realistische Einschätzung, ob das Produkt auch wirklich ein reelles Problem der Kunden richtig löst, oder eben nicht.

> **Tipp** Man muss herausfinden, an welchen Kunden-Touchpoints das Einholen von Kundenfeedbacks am sinnvollsten ist. Ist es direkt nach der Registrierung oder nach sechs Monaten? Oder gibt es vielleicht einen ganz bestimmten Punkt im Customer Lifecycle, bei dem der Kunde besonders bereit ist, Feedback abzugeben?

Ein Beispiel, das sicher jeder vom Online-Shopping kennt. Online-Shops holen in der Regel transaktionales Feedback ein. Nach Abschluss einer Bestellung senden sie automatisiert an den Online-Shopper eine Bewertungsaufforderungs-Mail. Dabei lässt sich das Timing dieser Mail hinsichtlich der Versanddauer und Art des Produktes anpassen. Die Lieferzeit für eine neue Couch dauert vier bis sechs Wochen. Die Lieferzeit von neuen Laufschuhen jedoch nur zwei bis drei Tage. Demnach sollte die Bewertungsaufforderungs-Mail nicht zu früh, aber auch nicht zu spät kommen.

### 2.1.2 Finde den typischen Kunden

Ein guter Plan oder eine gute Roadmap zeichnet sich dadurch aus, dass sie bestenfalls alle Stakeholder befriedigt, oder? Falsch! Die Erwartungshaltung, dass eine Roadmap wirklich alle Stakeholder befriedigen kann, bringt schon aus Prinzip Probleme mit sich. Warum? Es ist nicht möglich, jeden Stakeholder und jeden Kunden gleichermaßen und vor allem auch gleichzeitig glücklich zu machen. Ohne den richtigen Fokus, also eine Priorisierung, ist eine Roadmap nichts weiter als ein Wunschplan eines Unternehmens.

„Aber worauf soll ich mich fokussieren, alles ist doch gleich wichtig?“ Schauen wir nur mal auf die Kunden als den einzigen Stakeholder. Selbst unter den Kunden gibt es in der Regel derart viele Klassifizierungen, das es schon schwierig ist, die für alle Kunden wichtigsten Features in der Roadmap zu priorisieren. Baut man mit den vorhandenen Ressourcen jetzt das große Customizing-Feature für die Großkunden oder doch zwei kleine Features, die täglich von zahlreichen kleineren Kunden immer wieder nachgefragt werden? Und was ist mit der Innovationsidee Nummer eins, mit der wir den Markt so richtig umkrempeln könnten? Ein paar Kunden haben sogar schon im Vorfeld ihr Interesse bekundet und sich als Testkandidaten gemeldet. Du kennst dieses Problem? Klasse, dann hast Du zumindest schon eine ordentliche Nachfrage nach Deinem Produkt.

Bei allem Gezerre um die Priorisierung von Roadmaps sollte man den einen typischen Kunden niemals aus den Augen verlieren. Damit ist nicht der potenzielle Super-Key-Account-Kunde gemeint, der das 20-Fache vom normalen Vertragswert zahlt und damit alle Probleme auf einmal zu lösen scheint. Damit sind auch nicht die Tausend Mini-Kunden gemeint, die sich zwar für mein Freemium-Produkt interessieren, aber schon von Natur aus niemals Geld übrig haben werden, um für das Produkt zu bezahlen. Und damit ist auch nicht der potenzielle Kunde aus einem exotischen Land in Südamerika oder Asien gemeint, den man als Welteroberer so gern einsammeln möchte. Gemeint ist der typische Kunde, mit dem ich den Großteil meines Geldes entweder heute schon verdiene oder in Zukunft verdienen werde. Die perfekte Zielgruppe für das Produkt, die das Produkt wirklich benutzen und bezahlen wird, weil es ihr tatsächlich helfen wird, ein Problem zu lösen.

**Analogie aus dem Tierreich**

Ein Beispiel aus der Tierwelt. Die Jagd auf einen Elefanten ist für Löwen enorm aufwendig. Die riesige Menge an Fleisch ist zwar verlockend, aber die Jagd dauert zu lange, um die Ernährung des Rudels sicherzustellen. Kleine, ungefährliche Tiere wie beispielsweise Mäuse stehen normalerweise nicht auf der Speisekarte der Großkatzen. Warum? Ganz einfach, das Verhältnis zwischen Fleischmenge und Jagd-Aufwand ist so ungünstig, dass es sich für die Löwen nicht lohnt.

Anders sieht es bei der Jagd nach Zebras, Antilopen oder Büffeln aus. Löwen haben ihre Jagd derart perfektioniert, dass sie die schwächsten Tiere aus einem Zebra-Rudel schnell erkennen, diese isolieren, um sie dann zu überfallen. Es erscheint für die Löwen als sehr einfach und die Tiere bieten genug Fleisch, um das Rudel eine Zeit lang zu ernähren. Mir ist kein YouTube-Video bekannt, in dem sich ein Zebra einmal erfolgreich zur Wehr gesetzt hätte.

Ein Löwe sucht also zunächst immer nach der einfachsten Beute mit dem höchsten Ertrag, dann hier sind die Erfolgsaussichten am größten. Erst wenn er in diesem Segment nicht erfolgreich ist, erweitert er seine Zielgruppe beziehungsweise sein Beuteschema. Wenn es hart auf hart kommt und das Rudel zu verhungern droht, dann würde ein Löwe aus Verzweiflung wohl sicher auch einen Elefanten angreifen oder eine Maus fressen.

### 2.1.3 Personas

Jeder Marketing-Mitarbeiter hat sicherlich schon mal von „Personas" gehört. Eine tolle Methode, um sich in die Köpfe der Kunden hineinzuversetzen. Jedoch ebenfalls eine gute Gelegenheit, sich zu sehr in den Aufbau der Personas zu verlieren, indem man sich zu viele unnötige Fragen und Kriterien für die jeweiligen Personas ausdenkt. Wie oft ich persönlich schon sagen sollte, welches Auto mein typischer Kunde fährt. Keine Ahnung. Ich habe bis heute nicht verstanden, wieso es für den geschäftlichen Erfolg meiner Kunden oder für mich wichtig sein sollte, welches Auto er oder sie fährt. Zumindest so lange nicht, wie ich kein Auto-Verkäufer bin oder sonst irgendwas mit Autos zu tun habe.

**Ein richtiges Persona-Modell muss auf jeden Fall die folgenden Fragen beantworten**

- Wer sind die Kunden?
- Mit welcher Entscheidungsbefugnis sind sie ausgestattet?
- Wie viel Budget haben sie zur Verfügung?
- Wo drückt der Schuh derzeit am meisten?
- Nach welchen Zielen wird ihr Erfolg bemessen?
- Wie denken sie?

- Wie kaufen sie ein?

Und was treibt sie besonders zu einer Kaufentscheidung?

Das sind zumindest die Basics für die Marketing-, Sales- und die Produktmanagementabteilung. Eine fortgeschrittene Unterteilung für Produktentwickler wäre zudem noch, die Unterscheidung in: „Wer sind meine Kunden, die mein Produkt kaufen (Buyer personas) und wer sind meine Kunden, die das Produkt nutzen (User personas)?" Denn die Entscheider für den Kauf eines Produkts sind oftmals dann nicht selbst die Nutzer des Produktes.

**Beispiel**

Der Marketing-Chef entscheidet über das Budget und den Einsatz der neuen CRM-Software, aber wird sie später ganz sicher nicht so intensiv nutzen wie die Kollegen aus dem Customer Service. Ein Produktentwickler muss sich demnach für die Erreichung der Marketing-/Sales-Ziele mit dem Entscheider als Zielgruppe beschäftigen. Hinsichtlich der User Experience des Produktes hingegen mit dem tatsächlichen User. Leider zwei völlig unterschiedliche Zielgruppen.

▶ **Tipp** zum Erstellen richtiger Personas: Bitte schließt euch nicht mit euren Teams ein und startet Marathon Brainstorming Sessions, ohne den Blick auf die Konkurrenz und natürlich auf die Kunden selbst zu haben. Genauso wenig ist zu empfehlen, sich externe Berater ins Haus zu holen, die die Erstellung von Personas selbstständig erledigen sollen. Woher sollen externe Berater eure Zielgruppe genau kennen? In derartigen Sessions werden häufig gefühlt Dutzende aufgeblähte Personas halbherzig definiert, die einem den Fokus auf den wirklich „richtigen" Kunden gänzlich verhageln können. Vielmehr gilt es herauszufinden, welcher Zielgruppe das Produkt wirklich helfen kann, ein bestehendes Problem zu lösen. Das sind in der Regel maximal zwei bis drei typische Personas.

### 2.1.4 Das Kano-Modell

Natürlich existieren heute auch theoretische Modelle, die einem bei der richtigen Balance zwischen Innovation, Konkurrenzdruck und Kundennachfrage behilflich sein können. Ein bekanntes Beispiel ist das Kano-Modell, das Kundenanforderungen und die Kundenzufriedenheit in einen Zusammenhang stellt [4]. Das Kano-Modell wurde 1978 von Noriaki Kano entwickelt, emeritierter Professor der Tokyo University of Science (vgl. Abb. 2.1 Das Kano-Modell).

Noriaki Kano erkannte, dass Kundenanforderungen fünf verschiedene Merkmale haben können:

- Basismerkmale/„Expected requirements“: Sie gelten als selbstverständlich, werden dem Kunden aber erst dann bewusst, wenn sie nicht vorhanden sind. Fehlen Basismerkmale, sind Kunden unzufrieden, sind sie vorhanden, entsteht jedoch keine zusätzliche Zufriedenheit.
- Leistungsmerkmale/„Normal requirements“: Sie werden von Kunden explizit verlangt und haben Einfluss auf die Kundenzufriedenheit. Werden Leistungsmerkmale nicht erfüllt, entsteht Unzufriedenheit bei Kunden. Werden Leistungsmerkmale gar übertroffen, steigt entsprechend die Zufriedenheit.
- Begeisterungsmerkmale/„Delightful requirements“: Diese Merkmale können Kunden schlichtweg begeistern. Sie stiften tatsächlichen oder zumindest gefühlten Nutzen. Begeisterungsmerkmale werden nicht erwartet und ein Fehlen entsprechender Merkmale schafft auch keine Unzufriedenheit.
- Unerhebliche Merkmale: Sie führen weder zur Zufriedenheit noch zur Unzufriedenheit, unabhängig davon, ob sie vorhanden sind oder nicht.

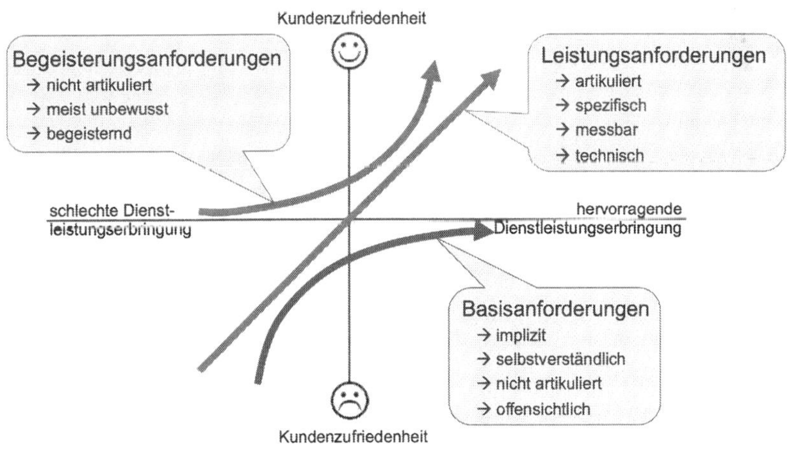


**Abb. 2.1** Das Kano-Modell. (Quelle Pascal Meichtry. http://smallthingsmatter.ch/kano/ Zugegriffen am 4.10.2016)

- Rückweisungsmerkmale: Existieren diese Merkmale, führen sie zu Unzufriedenheit, sind sie hingegen nicht vorhanden, schaffen sie dennoch keine Zufriedenheit.

Mit der Zeit können sich Features beziehungsweise Kundenanforderungen innerhalb des Kano-Modells verschieben. Durch die rasante Entwicklung der Technologie gibt es vor allem bei Start-ups derzeit jede Menge Delighter-Features, die die User extrem schnell begeistern können. Mit der Marktdurchdringung der Produkte und Features können sich diese aber genauso schnell auch zu Basis- oder Leistungsmerkmalen entwickeln, indem die User sich an die Features gewöhnen und diese dann quasi für immer voraussetzen.

**Beispiel aus dem Internet of Things**

Dass man mit seinem iPhone von überall seine Heizungstemperatur zu Hause regeln kann, war so neu, dass es garantiert zu Beginn von jedem User als ein absolutes „Delighter" -Feature eingestuft wurde. Mit dem Anstieg der Bekanntheit dieses technologischen Fortschritts und auch dem Aufkommen von Konkurrenten ist dies mittlerweile lediglich ein Leistungsmerkmal.

Weitere Beispiele für die Veränderung der Kundenwünsche im Rahmen des Kano-Modells sind die Freisprecheinrichtung im Auto, ein integriertes Navigationssystem im Auto, die Swipe-Technik beim Smartphone oder die Zahlung mit Kreditkarte im Restaurant.

Ziel eines tollen Produktes ist ja nicht nur, zu können, was die Konkurrenz auch schon lange kann. Sondern vielmehr Dinge zu können und Probleme zu lösen, die den Kunden begeistern. Denn ein zufriedener Kunde bleibt dabei und zahlt immer weiter. Ein begeisterter Kunde hingegen zahlt nicht nur immer weiter, sondern empfiehlt das Produkt auch noch gern seinen Freunden, Bekannten und Kollegen. Nur mit dem ausgewogenen Mix von Basis-, Leistungs- und Begeisterungsmerkmalen kann man sich von der Konkurrenz absetzen. Ein Blick auf die Konkurrenz schadet bei der richtigen Einordnung der Kundenanforderungen garantiert nicht.

Diejenigen, die auf die Frage „Woher bekommt ihr eure Neukunden?" mit der Antwort „Mund-zu-Mund-Propaganda" antworten, sind bereits die Glücklichen, die ein außergewöhnliches Produkt oder einen außerordentlichen Service am Start haben. Weiter so!

### 2.1.5 The Lean Start-up

Beschäftigt man sich mit agiler Produktentwicklung, kommt man heute nicht mehr um den Begriff „Lean" herum. Geprägt wurde der Begriff durch das Buch „The Lean Startup" von Eric Ries [5].

Worum geht's bei „Lean"? Eine Produktidee sollte so schnell wie möglich auf dem Markt getestet werden, um herauszufinden, ob für das fertige Produkt überhaupt eine Nachfrage existieren wird.

Das Marketing kann demnach heute schon mit der Produktidee bzw. dem Produktkonzept beginnen statt erst mit dem großen Launch-Termin Monate später. So kann man seine Produktidee öffentlich im Web präsentieren und von der Zielgruppe validieren lassen, bevor man Entwicklungs- oder Marketingkosten investiert hat. Es gibt viele tolle Tools (Optimizepress.com, Kickoffpages.com, …), Plattformen und Communities (Kickstarter.com, Producthunt.com, …) die einen derartigen Vorabcheck der Nachfragesituation ermöglichen.

Vor allem mit Hilfe von Social Media lassen sich Millionen von potenziellen Nutzern heutzutage zielgerichtet ansprechen und von einer Produktidee begeistern – im besten Fall sogar dann auch noch bei der Produktentwicklung aktiv einbinden. Man ist immer wieder überrascht, wie viele gute Ideen man durch sehr frühes Befragen unter Freunden und Bekannten oder in Online-Communities erhält. Viele Menschen macht es stolz, wenn sie Ideen zu einem echten Produkt beisteuern können.

### 2.1.6 MVP – Minimum Viable Product

Eine besondere Form der Lean-Methodik nennt sich „MVP – Minimum Viable Product". Nein, dies hat nichts mit dem Most Valuable Player beim Basketball zu tun. Vielmehr sollen MVPs Gründern oder Product Managern helfen, keine Produkte zu entwickeln, die niemand benötigt.

Wie das funktioniert (vgl. Abb. 2.2 Wie man ein richtiges MVP entwickelt)? Natürlich wieder mit einem möglichst frühen Markteintritt mit dem Ziel, so schnell wie möglich echtes Marktfeedback zu bekommen. Als Erweiterung der Lean-Methodik validiert man jedoch mit einem MVP nicht nur die Produktidee, sondern direkt eine funktionierende Mini-Version des Produktes. Richtig gemacht, lässt sich dann das Produkt auf der Basis von User-Feedbacks mit immer neuen Funktionalitäten und Features erweitern.

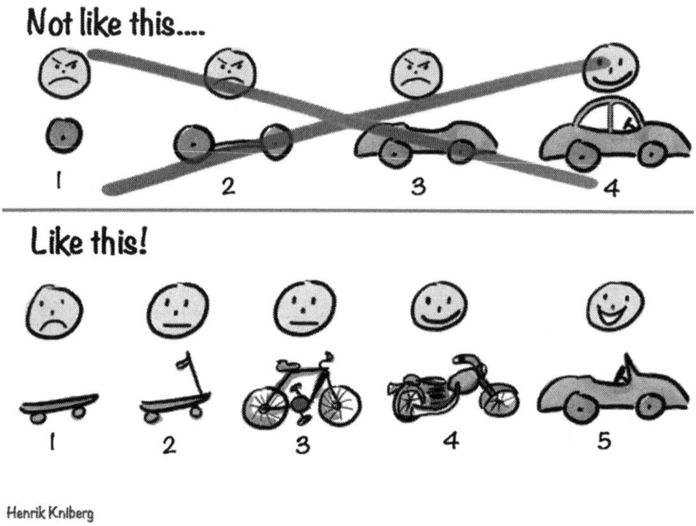


**Abb. 2.2** Wie man ein richtiges MVP entwickelt [6]

Initiale Entwicklungszeiten können somit deutlich verkürzt werden. Jedoch erhöht sich der Analyse-Aufwand. Gibt es einen Markt für mein Produkt? Welche Features brauchen die Kunden wirklich? Welche Features sind nach dem MVP die wichtigsten?

Die große Herausforderung der Produktentwickler ist es, im Vorfeld genau zu definieren, welche Funktionalitäten für den User wirklich notwendig sind, um genügend Nutzen zu stiften. Es darf auf keinen Fall ein zu geringer Nutzen sein, denn dann ist der User wahrscheinlich sofort und vor allem auch für immer verloren.

Ein paar Beispiele für Features eines MVPs, die in Teams immer wieder diskutiert werden. Funktionalitäten, die häufig im ersten MVP weggelassen werden, da sie die User Experience nicht ad hoc beeinflussen:

- „Passwort zurücksetzen“
- Bezahlfunktion
- Rechtssichere Datenschutz- und AGB-Texte
- Automatische Tests des Quellcodes
- Hoch skalierbare Staging-Umgebung
- Kein „schönes“ Design
- Lange Ladezeiten

Funktionalitäten, die immer auch im MVP enthalten sein sollten:

- Eine sehr gute und einfache Usability
- Die Möglichkeit, User Feedbacks abzugeben
- Ein Impressum

> If you are not embarrassed by the first version of your product, you've launched too late. Reid Hoffmann – Co-Founder von Linkedin [7].

Achtung! Straffe Zeitpläne stressen die Umsetzung eines guten MVPs häufig, sodass später dem User eine noch nicht fertige Version angeboten wird statt eine sehr gut funktionierende Version 1.0 des Produktes. Das Produkt kann ja nicht fertig sein, aber der User darf dies niemals merken, erst recht nicht in der User Experience. Und bitte nicht vergessen, dass vor allem die Ladezeit der Applikation zur User Experience gehört.

Noch mal Achtung! Ein Phänomen, das vor allem in Unternehmen mit mehreren Produkten häufiger passieren kann. Annahme: Der Markt bewegt sich rasant und die Konkurrenz hat ein gutes Feature vorgelegt. Die Produktentwickler müssen also entsprechend nachziehen, um den Vorsprung der Konkurrenz schnellstmöglich zu egalisieren. Das MVP wird definiert, in Rekordgeschwindigkeit implementiert und auf den Markt gebracht. Die Sales-Abteilung wird beglückwünscht und mit dem Verkauf des MVPs auf die Reise geschickt. Die Arbeit der Produktentwickler scheint erledigt und man beginnt direkt mit dem nächsten Projekt oder gar dem nächsten MVP. Aus der Perspektive der Vertriebler ist alles optimal. Sie haben ihr Feature bekommen und gewinnen auch die Salespitches wieder. Alles so weit, so gut, oder doch nicht?

Nein. Diese Entwicklung ist für ein Unternehmen mittel- bis langfristig fatal, da es die Validierung des MVPs am Kunden so komplett vernachlässigt. Für ein Unternehmen kann das schlimmstenfalls zur Konsequenz haben, dass es viele Features und Produkte nur im MVP-Status im Produktportfolio vorfindet, aber keines davon die User wirklich begeistert. Langfristig werden die User sich nicht mit „nicht fertigen" oder „nicht ausgereiften" Produkten zufriedenstellen lassen. Zumindest nicht, wenn die Konkurrenz nur ein einziges Produkt auf dem Markt hat, das hingegen deutlich besser ist als die MVP-Version dieses Produktes.

### 2.1.7 Mini- statt Vollversion

Wir kennen heute alle die Funktionsweise von Dropbox. Sichere beliebige Dateien in der Cloud, sodass du von überall darauf zugreifen kannst. Als Dropbox vor vielen Jahren startete, hatte das Gründer-Team große Schwierigkeiten, die Funktionsweise und den Nutzen von Dropbox der großen weiten Welt zu erklären. Niemand konnte sich vorstellen, warum es nützlich sein könnte, Dokumente und Dateien in der Cloud abzuspeichern. Sogar beim Einsammeln von Investment-Kapital hatten die Dropbox-Gründer Probleme.

Das Produkt als Prototypen zu bauen und vorzustellen, gestaltete sich zudem auch als sehr schwierig, da die Synchronisation von Ordnern mit der Dropbox sowie der Anspruch an Verfügbarkeit und Zuverlässigkeit der Systeme enorm hoch sein mussten.

Es war schwierig. Bis zu dem Zeitpunkt, als Drew Houston, der CEO von Dropbox, ein Demo-Video drehte, in dem er die Funktionsweise von Dropbox zeigen konnte. Auf der Social-Sharing-Plattform Digg.com war das Video dann ein Selbstläufer für die Zielgruppe der Digital Early Adopter.

Das MVP war im Fall Dropbox also nur ein Video, keine voll ausprogrammierte Version des Produktes. Durch Tausende Feedbacks und positive Rückmeldungen waren die Gespräche mit den VCs natürlich deutlich einfacher als zuvor. Denn offensichtlich gab es eine enorme Nachfrage nach dem Produkt.

### 2.1.8 Manuell statt automatisch

Eines der bekanntesten MVPs in unserer Branche ist wohl der von Zappos – dem großen Online-Schuh-Retailer. Nick Swinmurn hatte die Idee, Schuhe online zu verkaufen. Um die Idee so schnell wie möglich zu validieren, suchte er Schuhläden in seiner Nähe und fotografierte die Schuhe im Schuhregal. Anschließend bot er die Schuhe auf seiner Website zum Verkauf an. Wurde ein Paar Schuhe tatsächlich online bestellt, zog er los, kaufte die Schuhe im Laden und verschickte sie dann selbst per Post. Zahlungen und Retouren organisierte er anfangs natürlich ebenfalls selbst [8].

In dieser Form natürlich kein skalierender Business-Case. Aber das Beispiel verdeutlicht, dass man, um eine Produktidee zu validieren, oftmals keine großen Investments oder Aufwände benötigt. Das Ende der Geschichte ist der Verkauf von Zappos im Jahr 2009 an Amazon für 1,2 Mrd. US$. Hat sich durchaus gelohnt, auf den Spuren von Al Bundy zu starten, oder?

## 2.2 Agile Teams

Eingangs hatten wir uns schon mit dem Pi-Shaped-Profil eines Growth Hackers befasst. Ein Growth Hacker ist demnach im Optimalfall ein Allrounder mit einem breiten Grundwissen und zusätzlich enormem Expertenwissen in mindestens zwei Disziplinen. Agile, Tech Skills und Analytics bieten sich für einen Growth Hacker als Spezialisierungen besonders an, da diese erfahrungsgemäß am schwierigsten zu ersetzen und nachträglich zu erlernen sind. Ein Beispiel?

Coder haben heute nicht selten auch ein Händchen für das richtige Marketing und oftmals auch für Daten/Analytics. Eine super Voraussetzung zum Growth Hacking. Jedoch können die wenigsten klassischen Marketer auch gut coden. Dies später im Beruf zu erlernen, ist zudem deutlich schwieriger. Es ist möglich, vor allem mit Hilfe von tollen Tools wie Codeacademy und Co., aber eben nicht besonders einfach.

Aber man benötigt glücklicherweise nicht nur Growth Hacker in einem Growth Hacking Team, sondern allerhand Experten für die einzelnen Disziplinen, die für das Bestehen der jeweiligen Growth Challenge notwendig sind. Je nach Anzahl der Produkte, die es zu betreiben gilt, sowie der Verfügbarkeit von Ressourcen ist ein Aufbau der Teams für ein Start-up oder Unternehmen immer ein individuelles Vorhaben.

### 2.2.1 War for Talents

Unsere Szene, die sich im viel zitierten digitalen Wandel befindet, eint, dass wir alle um die gleichen Ressourcen kämpfen. Jeder benötigt die berühmten Einhörner, die perfekt programmieren können, gleichzeitig ein Händchen für UX und Agile haben sowie dann auch noch nebenher problemlos Teams aufbauen und führen. Super. Pro Ballungszentrum gibt es von diesen allerdings nur gefühlt zwei Hand voll. Der „War for Talents" ist in vollem Gange. Unternehmen müssen sich um die digitalen Einhörner bewerben und nicht mehr andersherum – so zumindest mein persönlicher Erfahrungswert aus vielen Jahren Recruiting.

Potenzielle Kandidaten definieren sich zunehmend über ihren Arbeitgeber – sie möchten ihren Job nicht als solchen sehen. Vielmehr ist es eine Work-Life-Integration. Sie müssen sich mit der Marke und den Produkten ihres Unternehmens zu 100 % identifizieren können und legen daher auch vermehrt Wert auf eine positive Außenwirkung dieser Marke.

Start-ups wie Unternehmen müssen aus diesem Grund mittlerweile neben tollen Produkten, Gehältern oder Unternehmensbeteiligungen, beruflichen Perspektiven und natürlich einem unbefristeten Arbeitsvertrag mit wahnsinnigen Offices, flachen Hierarchien, zeitlicher Flexibilität und zahlreichem Schnickschnack punkten, um die besten Leute zu bekommen. Der Kreativität der Feelgood-Manager sind diesbezüglich keine Grenzen mehr gesetzt. Unternehmenseigene Küchen und Köche, Babyräume mit Kinderbetreuung, Free Drinks, Ruhezonen, freie Gehaltswahl und Urlaubstage – alles scheint möglich.

### 2.2.2 Team-Aufstellung

Häufig werde ich gefragt, mit welchen Rollen und Positionen Product-/Growth Hacking Teams ausgestattet werden müssen und was es hierbei alles zu beachten gilt. Eine äußerst schwierige Frage, mit der man ganze Workshops ausfüllen kann.

**Zwei Learnings**

In den letzten Jahren haben sich für mich zwei wesentliche Learnings herauskristallisiert, die ich immer wieder berücksichtige, wenn ich die Teams umbaue oder ein neues Team aufbauen möchte:

1. Die Menschen in den jeweiligen Teams müssen optimalerweise zu 100 % dem Team zugeteilt sein. Man spricht dann gern von „autarken" Teams. Kein Ressourcen-Pitching untereinander, sondern 100-prozentige Planungssicherheit für das jeweilige Team. Genau wie in einem Start-up mit einem einzigen Product-Team. Dabei benötigt ein Team wirklich alle Ressourcen, Arbeitsmittel sowie eine technische Infrastruktur, um die Team-eigenen Ziele erreichen zu können. Dies nennt man dann autarkes, autonomes Product-Team.
2. Teams sind selbst auch als Individuum zu verstehen. Kein Team funktioniert wie das andere. Dies gilt es nicht nur zu akzeptieren, sondern zu fördern. Die Product-Teams müssen Zeit und Raum bekommen, um sich entwickeln zu können. Erfahrungsgemäß muss man zu Beginn bei der Formulierung der Ziele, der Produktvision, der Entwicklungs-Prozesse und natürlich der Priorisierung der Backlogs und Roadmaps unterstützen. Nach einiger Zeit stellt sich im Optimalfall beidseitiges Vertrauen ein und das Team beginnt immer selbstständiger zu arbeiten.

Die Punkte klingen für viele bestimmt selbstverständlich. In der Realität ist es das aber ganz und gar nicht. Die Teams zu 100 % mit den notwendigen Ressourcen auszustatten und ans Laufen zu bringen, ist ein enormer Aufwand und allein zeitlich ein Fulltime-Job. Product-Teams als Individuum aufzubauen und laufen zu lassen, ist vor allem in größeren Unternehmen ebenfalls nicht so einfach, wie es sich anhört, da der Druck durch vorgegebene Zielvereinbarungen der Manager und besonders der kontinuierliche Einfluss zahlreicher Stakeholder enorm groß ist.

Steve Jobs – der Co-Founder von Apple – sagte dazu einmal:

> It doesn't make sense to hire smart people and then tell them what to do; we hire smart people so that they can tell us what to do [9].

Ziel jedes einzelnen Teams muss sein, die Anforderungen der Stakeholder und Kunden so zu orchestrieren, dass am Ende das Ziel „Growth" maximal unterstützt wird. Wie viel Budget ein Unternehmen für den Aufbau einer agilen Growth Hacking Umgebung bereitstellen kann und möchte, ist ebenfalls ein häufig diskutiertes Thema in den oberen Management-Etagen.

### 2.2.3 Wie viele Product-Teams sind möglich?

Optimal ist ein einziges Product-Team, das sich mit aller Power um das Wachstum eines einzigen Produkts kümmert. Wie in einem Start-up. In Unternehmen gibt es allerdings mehr als nur ein Produkt beziehungsweise immer weitere Themen, die auch noch „von der IT-Abteilung" bedient werden müssen. Wie viele Product-Teams ein Unternehmen benötigt, lässt sich demnach nicht pauschal beantworten. Erfahrungsgemäß muss man jedoch höllisch aufpassen, dass man sich nicht zu viele Teams heranzüchtet, da die Teams betreut und untereinander orchestriert werden müssen. Egal, wie gut man das hinbekommt, dies verlangsamt jedes einzelne Team, schon allein durch die Anzahl der notwendigen Abstimmungsmeetings.

Bei Trusted Shops haben wir zu Hochzeiten in der Produktentwicklung sieben parallele Scrum-Teams laufen lassen. Mit erheblichen Management- und Synchronisationsaufwand hat dies eine Zeit lang auch wunderbar funktioniert. Viele kleine Teams, die regelmäßig neue Features und Versionen ihres Produktes ausliefern konnten. Die größte Herausforderung beim Betrieb mehrerer Product-Teams gleichzeitig ist die Abstimmung untereinander.

Steht ein neues Produkt an, bietet es sich natürlich an, ein weiteres Team neu aufzubauen. Allerdings gilt es dabei, sehr sensibel vorzugehen, um genau zu spüren, ob die Grenze des Machbaren für die gesamte Organisation nicht überschritten wird. Oftmals ist der Manager selbst schon mit dem neuen Produkt gedanklich überlastet, sodass er selbst keine Kapazität mehr übrig hat, um dieses Produkt auch noch erfolgreich an den Start zu bringen. Meine Erfahrung hat gezeigt, dass man oftmals selbst der Indikator sein kann, ab wann eine Organisation überlastet sein könnte, oder eben noch nicht.

Beim Aufbau neuer Product-Teams ist „Lean starten“ natürlich auch eine gute Devise. Startet man die Teams erst mal mit einem Mini-Set-up, kann man deutlich besser reflektieren, ob ein voll ausgestattetes Team tatsächlich notwendig sein wird. Ein „Team im Aufbau“ kann problemlos wieder geschlossen werden, wenn man zum Beispiel nach Launch des MVPs merkt, dass die Produktidee doch nicht den gewünschten Effekt gebracht hat.

### 2.2.4 Was ist die optimale Teamgröße?

Die „Two Pizza Rule“ – von Jeff Bezos [10], Gründer von Amazon – besagt, dass ein Product-Team niemals größer sein sollte, als dass man das Team nicht mit zwei Pizzen satt bekommen würde.

Product-Teams setzen sich aus minimal zwei bis maximal acht Personen zusammen. Niemals mehr. Ansonsten leidet das Team an Overhead-Management-Aufgaben, die dann merklich zulasten der Kreativität und Produktivität gehen können. Entscheidungen im Team treffen ist schon schwierig genug. Mit jeder weiteren Person wird es schwieriger. Getreu dem Motto: „Viele Köche verderben den Brei.“ Zudem ist nichts schlimmer als nicht vollausgelastete Sprints und Mitarbeiter.

**Beispiel**

Zwei Personen starke Teams können unter bestimmten Umständen enorm effizient sein. Steckt man zum Beispiel einen sehr agilen und kundenorientierten Product Owner mit einem agilen Full-Stack-Entwickler in ein Team, kann es passieren, dass die beiden deutlich produktiver arbeiten als ein sechs Personen starkes Team. Die beiden einigen sich superschnell in einem Sprint auf das „Was“ und auf das „Wie“ und schon kann es losgehen. Logisch ist natürlich, dass im Team Stillstand herrscht, sobald einer der beiden ausfällt.

### 2.2.5 Welche Rollen gibt es in einem Product-Team?

Im klassischen Verständnis von Scrum besteht ein Scrum-Team im Wesentlichen aus drei Instanzen: einem Product Owner, einem Scrum Master und dem Scrum-Team (vgl. Abb. 2.3 Ein Scrum-Team). Dies hat sich selbstverständlich in zahlreichen Product-Teams weltweit bewährt.

Ähnlich der 4-4-2-Aufstellung beim Fußball. Allerdings ist diese schon wieder überholt, sodass die großen Champions-League-Teams heute wesentlich fle-

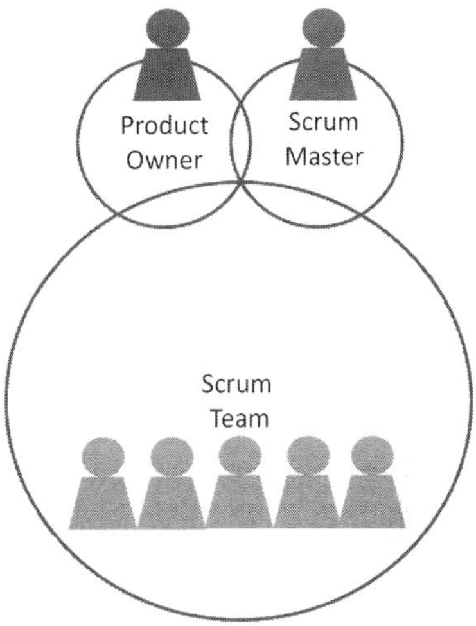


**Abb. 2.3** Ein Scrum-Team besteht aus Product Owner, Scrum Master und Scrum-Team

xibler in ihrer Aufstellung agieren können. Früher spielten alle bedingungslos mit Libero, danach alle mit Viererkette. Heute wird so gespielt, wie die eigene Stärke und Taktik sowie die des Gegners es eben zulassen.

Genauso flexibel muss man bei der Aufstellung seiner Scrum-Teams vorgehen. Was will ich mit dem Team erreichen? Wie ist die Marktsituation? Welches Budget und welche Ressourcen habe ich zur Verfügung? Welche Stärken und Schwächen haben die bereits vorhandenen Team-Mitglieder?

Erfahrungsgemäß bringt es gar nichts, vorhandene Ressourcen auf eine andere Rolle im Scrum-Team zu setzen. So benötigt ein Product Owner ein gewisses Skillset, das eben nicht jeder mitbringt. Das Gleiche gilt für den Scrum Master und entsprechend natürlich auch für die einzelnen Team-Member.

Dazu passt ein Satz von Jean-Marc Noel, Gründer und CEO von Trusted Shops: „Mache niemals den besten Entwickler im Team zu einem schlechten Manager." Denn man verliert nicht nur seinen besten Entwickler, sondern erntet zudem auch noch ein nicht-funktionierendes Team [11].

Das soll übrigens nicht bedeuten, dass Entwickler nicht Führungspositionen übernehmen können. Vielmehr würde man dadurch alle drei Seiten unglücklich machen: Der Entwickler liefert nicht mehr so gute Leistungen, die gemanagten Mitarbeiter werden nicht ordentlich geführt und es fehlt ein richtiger guter Entwickler. Es hängt demnach immer vom individuellen Skillset und Entwicklungspotenzial ab, wie ein Team besetzt wird.

Noch ein letztes Beispiel aus dem Fußball, welches ich immer gern in Vorträgen und Schulungen anbringe: *„Du kannst ein einziges Spiel auch mal mit einem Feldspieler als Torwart gewinnen, die Meisterschaft jedoch garantiert nicht."* Die Verantwortung des Team-Managers ist es somit umso mehr in den Scrum-Teams, die Stärken und Schwächen der einzelnen Personen sowie des gesamten Teams zu erkennen. Stärken konsequent zu fördern und Schwächen immer wieder zu hinterfragen und auszubügeln. Auch diese Eigenschaften – Menschenkenntnis und Empathie – sind nicht jedermanns Sache und darüber hinaus ein weiterer Fulltime-Job.

**Product Owner**
Die Person, die verantwortlich ist für die kurz-, mittel- und langfristige Produktvision. Die Positionierung des Produktes auf dem Markt sowie der Betrieb und die Weiterentwicklung gehören dabei in der Regel zu den klar abgesteckten Aufgabenfeldern des Product Owners.

Ihm gehören die Product Roadmap sowie das Product Backlog und er ist zudem verantwortlich für die Detaildefinition, die Kommunikation und Vermarktung der entstehenden Features. Ich spreche hier gern vom „Tech-savy Marketing Unicorn". Er muss alle Disziplinen verstehen – Marketing, IT und Sales. Ein Product Owner hat zudem die Gabe, seine Ideen und Anforderungen an das Product-Team möglichst einfach und eindeutig erklären zu können. Erfahrungsgemäß sind visuelle Mockups ein hilfreiches Werkzeug, um Ideen möglichst einfach transportieren zu können. Ein Product Owner ist im gesamten Unternehmen bekannt, liebt sein Produkt über alles und das Produkt liebt ihn.

**Scrum Master**
Die Person, die sich mit dem Product Owner zu 100 % verstehen muss, da sie fast die gesamte Arbeitszeit zusammen verbringen. Am liebsten spreche ich vom Ehepaar, welches in den wichtigsten Dingen auf einer Wellenlänge ist, aber auch die Fähigkeit besitzt, unterschiedlicher Meinung zu sein, zu streiten und sich wieder zu versöhnen.

Ein Scrum Master ist dafür verantwortlich, die Roadmap mit dem Scrum-Team zusammen umzusetzen und alle möglichen Probleme des Product-Teams beim Entwicklungsprozess zu beseitigen. Der Scrum Master schützt das gesamte Team sowie den laufenden Sprint vor äußeren Einflüssen, im schlimmsten Fall auch vor dem Product Owner. Zudem sorgt er für die Einhaltung der wichtigsten und produktivitätssteigernden Scrum-Artefakte wie Dailys, Retrospektiven, Sprint Planning und Sprint Goals.

Diese Rolle steht der des Produkt Owners oder des Scrum-Teams in der Priorität oder der Wichtigkeit – meines Erachtens – um nichts nach. Im Gegenteil. Alle drei Einheiten können ohne die jeweils anderen nichts erreichen, da sie sich perfekt ergänzen müssen.

**Developer**

Je nachdem, um welche Art von Produkt es sich handelt, wird eine beliebige Anzahl an Developern mit den jeweils notwendigen Fähigkeiten dem Product-Team hinzugefügt. Wichtig ist, dass die Developer zu 100 % dem Product-Team zugehörig sind, um sich mit den Teamzielen identifizieren zu können und zudem nicht von anderen Teams weggepitcht werden zu können.

Um Developer-Ressourcen streiten zu müssen, macht niemandem Spaß. Erst recht nicht dem Developer selbst. Zumal die Fähigkeiten der heutigen „modernen" Developer weitaus fortgeschrittener sind, als viele Manager von gestern noch glauben. Kundenorientierung, agiles Denken und ein Händchen für UX sind heute keine Seltenheit unter Entwicklern.

Ein Entwickler ist demnach nicht mehr der Programmierer von gestern, der ein Lastenheft einfach nur runterprogrammiert und danach auf das nächste Projekt gebucht wird. Vielmehr sind die Entwickler wichtiger Partner bei der Machbarkeitsschätzung der Features, zusätzlich für den Betrieb der Produkte verantwortlich (DevOps), diejenigen, die den technologischen Fortschritt vorantreiben müssen.

Entwickler schon in die Roadmap-Planung einzuladen, ist oftmals sehr effizient, da ein Product Owner direkt ein gutes Gefühl für Aufwände und technische Hindernisse einer Produktidee bekommen kann. Zudem ist das Team auf diese Art und Weise direkt involviert und empfindet die Roadmap als seine eigene Roadmap. Das ist erfahrungsgemäß extrem motivierend.

Vor einiger Zeit sagte mir ein neuer Entwickler im Team: „Vorher war ich quasi ein Kartoffelschäler." Ich entgegnete ihm: „Kennst Du ‚Minority Report'? Ihr seid für mich die Precogs. Ohne euch geht gar nix. Und deswegen muss man euch schützen und permanent fördern."

**DevOps**

Was ist denn eigentlich jetzt schon wieder dieses DevOps? Immer neue Buzzwords, auch für den Aufbau einer Organisation.

> DevOps is the practice of operations and development engineers participating together in the entire service lifecycle, from design through the development process to production support [12].

Die DevOps-Kultur gilt derzeit als heißer Trend in der Tech-Szene. Gefühlt strebt jedes Unternehmen an, autonome Teams aufzubauen, die völlig selbstständig für die Weiterentwicklung (**Dev**elopment) und den Betrieb (**Op**eration**s**) ihres Produkts verantwortlich sind.

Baut man in einem Start-up ein neues Produkt von der grünen Wiese auf und sucht sich das Team von Beginn an komplett aus, dann ist der DevOps-Gedanke ein riesiger Gewinn. Niemand muss mehr die ITler fragen, ob sie bei Problemen mit den Mailservern oder der Ladezeit der Website helfen können. Hat man DevOps im Team und sind diese mit allen Fähigkeiten sowie Rollen und Rechten ausgestattet, kann man so enorm an Produktivität und Zielorientierung gewinnen. Vorbei die Zeiten, in denen drei Teams gleichzeitig um die eine IT-Ressource kämpften. Schöne neue Welt, oder? Leider für größere Unternehmen ein enormer Change, der viel Zeit kosten kann.

Die vorhandenen Developer im Team einfach als DevOps zu bezeichnen funktioniert nicht. Schließlich wurden die meisten entweder als Developer oder als System-Administrator geholt, aber eben nicht für beides. Mitunter hat man ein paar DevOps im Team, die von ihrem Skillset und Erfahrungsschatz her die DevOps-Kultur vorleben können. Alle anderen müssen durch Weiterbildungen und ständiges Coaching erst zum DevOps ausgebildet werden. Das ist die einzige Lösung. Schwierig, aber möglich.

Darüber hinaus haben Unternehmen oft eine IT-Architektur, die sehr monolithisch aufgebaut ist. Dies hat zur Folge, dass es für den Betrieb eines Produktes immer auch zahlreiche technische Abhängigkeiten zu anderen Produkten zu beachten gilt. Solange nicht dieser System-Monolith konsequent in unabhängige Module transformiert wurde, kann ein einzelnes Team leider gar nicht vollständig selbstverantwortlich agieren.

Aber was ist zu tun? Die konsequente Modularisierung der IT-Systeme. Mit dem Ziel, dass Product-Teams wirklich für die modularen Bausteine der Anwendung die Verantwortung übernehmen können. So können sie eigene Releases durchführen und selbst bestimmen, welche Datenbanken, Applikationen oder Programmiersprachen eingesetzt werden. Hier spricht man häufig von Microservices, also dem Bereitstellen von kleinen autarken Funktionalitäten innerhalb des eigenen Systems. Ein großer und aufwendiger Schritt, den man keineswegs unterschätzen sollte. Als ein Beispiel, das diese Transformation bereits durchlaufen hat, kenne ich das Online-Mode-Magazin „Stylight" aus München. So berichtet Sebastian Schuon, Gründer von „Stylight", dass dort diese organisatorische Änderung hin zu vollständig „autarken" Teams in nur gut einer Woche umgesetzt wurde [13].

Für größere Unternehmen liegt die Aufgabe demnach darin, die Product-Teams immer weiter mit DevOps-Skills und allen Tools und Verantwortlichkeiten auszustatten, sodass sie wirklich autonom agieren können. Von Tag 1 an wird das nicht so funktionieren, wie man sich das wünscht, da die Abhängigkeiten der IT-Systeme noch vorhanden sind und wahrscheinlich die Leute im Team DevOps erst lernen müssen.

Meine persönliche Empfehlung ist jedoch, sich auch hier am Lean-Modell zu orientieren und sich erst mal ein Product-Team vorzunehmen und dieses mit allem auszustatten, was es benötigt, um das Produkt weiterentwickeln und betreiben zu können. So kann man es auch intern als „Experiment" verkaufen, statt den Mitarbeitern das Gefühl zu geben, dass man die ganze „funktionierende" Organisation vollständig auf den Kopf stellt, ohne nachvollziehbare Argumente zu haben.

**Software-Architekten**

Ein Software-Architekt ist ein Developer, der in der Lage ist, die Zusammenhänge zwischen verschiedenen Applikationen zu erkennen und zu optimieren. Welche Funktionalitäten gehören zusammen und welche sollte man separat aufbauen? Entwickelt und betreibt man eine Applikation selbst oder setzt man auf eine Cloud-Lösung? Welche Teile aus dem bestehenden IT-System lassen sich wie herauslösen und durch eine Standard-Software ersetzen? Mit derartigen Fragen hat ein Software-Architekt im besten Fall den ganzen Tag zu tun.

Genauso, wie man in einem Start-up von Beginn an einen CTO im Gründer-Team haben sollte, um das Produkt von Beginn an technisch auf solide Beine stellen zu können, müssen Unternehmen Software-Architekten einstellen, die beim Aufbau der neuen Welt beziehungsweise der Migration zur neuen Welt das Heft in die Hand nehmen können.

Wie organisiert man die Software-Architekten? Starten sollte man mit einem Architekten-Pool, der sich um die gesamte IT-Architektur kümmert. Von dort kommen dann die richtigen Impulse, an welcher Stelle im System man bestenfalls arbeiten muss. Von hier muss auch gesteuert werden, wie man die Produkte technisch so unabhängig voneinander macht, dass sie den DevOps-Gedanken endlich leben können.

Benötigen Product-Teams immer wieder Architektur-Support, empfiehlt es sich, dem Product-Team einen „eigenen" Architekten zu 100 % zur Verfügung zu stellen. Natürlich muss der Software-Architekt dennoch den Austausch mit den anderen Architekten aufrechterhalten. Dies funktioniert meistens recht gut, über sogenannte Gilden.

**UX-Designer/Usability Experts**

Hier verhält es sich ähnlich wie bei den Entwicklern. Für die allerersten Mock-ups, über Clickdummys bis hin zu finalen Designs und HTML-Implementierungen. Es lohnt sich immer, die UX-Designer von Anfang bis Ende des Entwicklungsprozesses vollständig mit einzubinden, statt ihnen zu einem bestimmten Zeitpunkt im Entwicklungsprozess einen zusammenhanglosen Auftrag zu geben, oftmals mit der wenig charmanten Ergänzung: „Mach das doch mal schön." Nicht schön für die UX-Designer.

Wiederum ähnlich wie bei den Developern, haben auch die Designer von gestern nicht die gleichen Skills wie die UX-Designer von heute. Es gilt nicht mehr, „nur" die Entwürfe in ein reines grafisch perfektes Bild zu gießen und dies für die Entwickler fertig zerschnitten für das HTML-Gerüst zur Verfügung zu stellen. Vielmehr geht es darum zu verstehen, wie der User bei der Nutzung des Produktes am einfachsten und schnellsten zum Ziel gelangt (Usability). Um das herauszufinden, dürfen sich auch die Designer nicht mehr hinter ihrem riesigen „100 Zoll-Monitor" verstecken, sondern müssen das Feedback der User aktiv einholen. UX-Labore, User-Umfragen, Crowdtesting oder solide und korrekt ausgeführte AB-Tests sind dabei die besten Methoden, die UX-Designer heute beherrschen sollten, um für den Kunden die richtige User Experience zu schaffen, so dass er sein Ziel erreichen kann.

Die nachhaltige Wirkung einer guten UX auf die Zufriedenheit der User ist meines Erachtens heute immer noch völlig unterschätzt. Eine tolle UX kann am Ende den Unterschied zwischen einem zufriedenen Kunden und einem begeisterten Kunden, der das Produkt auch wirklich weiterempfiehlt, ausmachen. Allerdings ist dieser Grat wirklich enorm schmal.

Wie baut man die UX-Designer in die agilen Product-Teams ein? Im Gegensatz zu den Developern empfiehlt sich bei den UX-Designern nicht die 100-prozentige Aufteilung in nur ein einziges Team. Im Gegenteil, es ist sogar ratsam, wenn ein UX-Designer seinen Designstil, der schließlich die gesamte Marke über eine Corporate Identity repräsentiert, auch übergreifend in die einzelnen Product-Teams bringen kann. Der Nachteil sowohl für das Team als auch den UX-Designer selbst ist jedoch, dass man nicht zu 100 % auf den „geteilten" UX-Designer setzen kann und er somit immer wieder zwischen den Stühlen hängt. Eine schwierige Entscheidung, die man meines Erachtens immer sehr bewusst und individuell entscheiden muss. Schaffen die UXler die Trennung oder sind sie dadurch eher schneller überlastet? Braucht ein Produkt 100 % eines UXlers wirklich in jedem Sprint, dann ist es wahrscheinlich eher ratsam, dem Team einen eigenen UX-Experten zuzuteilen.

**Synchronisation**

Wie hält man in Unternehmen den Plan für die Weiterentwicklung des gesamten Produktportfolios zusammen? Es gibt zahlreiche einzelne Roadmaps und Product-Teams, die mehr schlecht als recht aufeinander abgestimmt sind. Die Sales-Abteilung wird zugeschüttet mit Informationen, wann welches Feature geliefert wird, welches Feature sich doch um einen Sprint verzögert. Ein riesiges Durcheinander.

Zumindest wenn man nicht eine Art Stabsstelle definiert, die sich nur um das Produktportfolio-Management kümmert. Die Produkt Owner müssen regelmäßig zusammengebracht und zur Abstimmung gezwungen werden. Ja, richtig gelesen, „gezwungen werden". Produkt Owner denken nur an ihr eigenes Produkt und sehen dadurch oftmals nicht die Synergien und Abhängigkeiten zu den anderen Product Roadmaps.

Auch das Thema Stakeholder Management ist in Multiproduktportfolios nicht so einfach. Soll jeder einzelne Product Owner ständig auf seine Stakeholder zugehen, um diese up to date zu halten? Oder organisiert man eher zusammen mit den anderen Product-Teams gemeinsam Meetings und Abstimmungsrunden? Diese Meetings müssen zudem vorbereitet und nachbereitet werden – ein echter Projektmanager-Job. Genau wie das ständige Einfordern fehlender Infos oder Details in den Product Roadmaps.

Ein nachhaltiger Job, der von außen betrachtet häufig oft unterschätzt wird. In enger Abstimmung mit dem Chief Product Owner kann man diese Kombination als das Schmiermittel im Motor der Produktentwicklung bezeichnen.

**Field Experts**

Je nachdem, was benötigt wird, können weitere Rollen als sogenannte Field Experts dem Scrum-Team hinzugefügt werden, gern auch crossfunktional als „Gesandte" aus anderen Abteilungen wie Vertrieb, Kundenservice, Legal oder Marketing. Denn wichtig ist, dass die Scrum-Teams alles bekommen, was sie brauchen, um ihre Ziele möglichst unabhängig von anderen Teams oder Abteilungen erreichen zu können.

Der crossfunktionale Aspekt hat zudem den wunderschönen Nebeneffekt des nativen Knowledge-Sharings zwischen dem Team und der zugehörigen Abteilung des Field Experts. Zudem fühlen sich diese Mitarbeiter oftmals aufgewertet, da sie unmittelbar bei der Produktentwicklung dabei sind, statt nur ihr Tagesgeschäft abarbeiten zu müssen.

**Chief Product Owner**

Gibt es mehr als drei Scrum-Teams, empfiehlt es sich unbedingt, eine Art Programm-Manager oder Produktportfolio-Manager zu installieren, der für das strategische Produktmanagement verantwortlich ist. Häufig auch als Chief Product Owner (CPO) bezeichnet, ist dieser ständig in der Lage, die einzelnen Produkte und deren Visionen bzw. Roadmaps mit der Unternehmensstrategie abzugleichen und dann entsprechend mit den Product Ownern gemeinsam anzupassen.

Der CPO ist demnach dafür verantwortlich, dass die Unternehmensziele hinsichtlich der Produktentwicklung von den Product-Teams erreicht werden. Dies können klassische Umsatzziele, die mit dem Vertrieb der Produkte in den Märkten erzielt werden sollen, oder aber auch das Erreichen gewisser Kundenzufriedenheits-KPIs wie beispielsweise der Net Promoter Score sein.

Die große Herausforderung für den CPO ist, die sich rasch verändernden Marktbedingungen stets im Blick zu haben und auf die Produktentwicklungs-Strategie zu matchen. Darüber hinaus müssen die Product-Teams dennoch genügend Freiraum erhalten, bedingungslos Kundenwünsche erfüllen oder natürlich auch eigene Produktideen und -features umsetzen zu können.

Regelmäßige Abstimmungen mit der Geschäftsführung sind zudem unabdingbar, um deren 100-prozentiges Buy-in für die Produktstrategie zu erhalten. Ohne das Vertrauen der Geschäftsführung lassen sich keine autonomen Product-Teams aufbauen.

### 2.2.6 Disziplinarische Verantwortung in agilen Teams

Referiert man über seine Erfahrungen mit dem Aufbau agiler Product-Teams, wird man meist nach der Verteilung der disziplinarischen Verantwortung gefragt. Die Scrum-Theorie sieht diese auch gar nicht vor beziehungsweise sagt explizit aus, dass diese für den Scrum-Prozess nicht förderlich sei. Bezogen auf den Entwicklungsprozess würde ich dem sogar uneingeschränkt zustimmen. Es muss keinen Chef geben, der im Entwicklungsprozess eines Scrum-Teams das Sagen hat. Die Gefahr, dass ein Product Owner, der auch das Team leitet, nur seine Ideen durchsetzt, wäre viel zu groß. Genauso würde ein leitender Scrum Master sein Team möglicherweise viel zu sehr vor dem „wildgewordenen“ Product Owner schützen.

Probiert haben wir beides schon. Und mit beiden Modellen gute wie auch schlechtere Erfahrungen gemacht, was immer an den einzelnen Personen liegt. In Köln gibt es das Sprichwort: „Jeder Jeck ist anders.“

Grundsätzlich muss man eine Mentalität kreieren, die eine möglichst flache Hierarchie in der gesamten Mannschaft zulässt. Chefs sind bestenfalls nur dafür da,

- teaminterne Konflikte zu lösen,
- Stakeholder zu managen,
- neue Leute zu rekrutieren,
- den Mitarbeiten Perspektiven aufzuzeigen,
- das Team immer wieder zu motivieren.

Fachlich ist die Funktion jedoch quasi auf null beschränkt. Die fachliche Seite sollte bestenfalls vollständig vom Product-Team selbst geregelt werden können.

Klar ist aus meiner Sicht jedoch auch, dass man eine disziplinarische Verantwortlichkeit in irgendeiner Form benötigt. Auch der CPO, Abteilungsleiter oder wer auch immer die komplette Verantwortung für das Team trägt, ist im Normalfall nicht in der Lage, das gesamte Team allein auch disziplinarisch zu führen. Zumindest nicht, sobald dies größer ist als 15 Personen.

Eine schwierige Frage, die man bestenfalls immer anhand der vorhandenen Individuen entscheiden sollte, statt sich komplett an die Vorgaben der theoretischen Modelle zu halten. Ich bin mir jedoch vollkommen bewusst, dass viele Agile Coaches dies oftmals anders sehen.

Andere Modelle wie zum Beispiel, mit einem Agile Coach ein oder vielleicht sogar mehrere agile Teams disziplinarisch zu führen, klingen in erster Linie plausibel. Dieser sorgt für das Team und die Einhaltung der Paradigmen des agilen Entwicklungsprozess, jedoch nicht für die inhaltlich-fachlichen Entscheidungen.

### 2.2.7 Sitzplan

Die Scrum-Theorie besagt, dass die Teams in ihrem Raum zusammensitzen müssen, um den permanenten Austausch und das Co-Working bestmöglich zu gewährleisten. Für die korrekte Anwendung von Scrum mit mehreren Teams in einem Unternehmen ist das leider nicht so einfach wie in der Theorie empfohlen.

Ein Grund ist die Architektur des Bürogebäudes. Es gibt Räume und Wände, die nun mal so sind, wie sie sind. Sie lassen sich nicht ändern. Insofern gibt es oftmals nicht genügend Teambüros der richtigen Größe.

Ein weiterer Grund ist die Abstimmung der jeweiligen Scrum-Teams untereinander. Wie schon häufiger erwähnt, müssen Product-Teams, die gemeinsam am gleichen Produktportfolio arbeiten, sich ebenfalls regelmäßig absprechen. Ist eine Wand zwischen den Teams, wird das seltener stattfinden als gewünscht. Ist sogar eine Etage dazwischen, noch seltener. Ein Problem, das aus meiner persönlichen Sicht von sehr vielen Managern deutlich unterschätzt wird.

Mein persönlicher Wunsch ist, eine große Halle zu haben, in die alle Product-Teams hineinpassen. Jedes Product-Team erhält in dieser Halle eine Ecke/eine Station, in der es sich frei austoben kann. Whiteboards, Arbeitsplätze und alles, was es zum produktiven Arbeiten benötigt, muss vorhanden sein. In der Mitte des Raumes gibt es einen gläsernen Konferenzraum, in dem sich die Teams zu Daily Scrums oder anderen Meetings treffen können.

Gegen das „Lärm"-Argument, welches natürlich immer wieder von Mitarbeitern aufgeworfen wird, hilft in der Regel die Installation von „Ruhe-Räumen", in denen die Mitarbeiter kreativ zusammen und in Ruhe arbeiten können oder einfach nur telefonieren.

Leider habe ich diese Halle bislang noch nicht gefunden. Allerdings durfte ich mittlerweile ein paar Unternehmen im Kölner Raum kennenlernen, die sich ihre Bürogebäude so umgebaut haben, dass sie ihren persönlichen Ansprüchen vollends genügen. Offene Arbeitsräume, große Boards zum Scribbeln und für eine transparente Kommunikation, kostenlosen Kaffee und Kaltgetränke sowie viele Rückzugsräume reichen meines Erachtens schon aus, um ein angenehmes und kollaboratives Umfeld herzustellen. Eigene Küchen mit fest angestellten Superköchen halte ich persönlich für übertrieben.

## 2.3 Leadership & Team Spirit

Leadership ist eines meiner Lieblingsthemen. Garantiert auch eines der aufwendigsten Themen im Aufbau von Unternehmen, das stets kontrovers diskutiert wird. Fragen, die mir in diesem Zusammenhang immer wieder gestellt werden:

- Wie kann ich mein Team in Entscheidungen mit einbeziehen, ohne dass es anders entscheidet, als ich es tun würde?
- Was bedeutet es, ein guter Leader zu sein?
- Ist Chefsein wirklich der einzige Weg, um Karriere zu machen?
- Muss man als Leader geboren werden, oder kann man das lernen?
- Woher weiß ich, was ich delegieren kann und was ich lieber selbst machen sollte?
- Wie motiviere ich mein Team, noch härter zu arbeiten?

Ich persönlich muss gestehen, dass ich bis zum Jahr 2011 tatsächlich ein überzeugter Einzelspieler gewesen bin. Und das, obwohl ich mein Leben lang Fußball als Team-Sport betrieben habe und die Vorteile von Teams dadurch eigentlich gut kennen sollte. Vor allem, weil man beim Amateur-Fußball die Nachteile von Teams häufig zu spüren bekommt. Allerdings überwiegen für mich persönlich die Vorteile. Außerdem existieren nur wenige Einzelspieler, die es tatsächlich zu etwas gebracht haben. Selbst Einzelsportler wie Tennis-Champion Angelique Kerber oder Ironman-Weltmeister Jan Frodeno arbeiten mit einem Team. Hinter jedem Champion steckt ein großes Team, bestehend aus Familie und Freunden, Trainern, Psychologen, Beratern, Sponsoren und Trainingskollegen. Ich kann mir nicht vorstellen, dass Angelique Kerber den ganzen Tag allein Tennis spielt.

Folgende Aufgaben und neue Situationen kommen auf den Leader eines Teams zu:

- Rekrutierung neuer Mitarbeiter
- Onboarding neuer Mitarbeiter
- Bezahlung der Mitarbeiter
- Mitarbeiter sind krank
- Mitarbeiter wollen Urlaub
- Mitarbeiter wollen Perspektiven
- Mitarbeiter wollen mehr Geld
- Mitarbeiter streiten untereinander
- Mitarbeiter tun nicht, was sie tun sollen
- Mitarbeiter kündigen

Als ich 2011 bei Trusted Shops mit dem Aufbau des Produktmanagements begonnen hatte und damit auch gleichzeitig nicht mehr der alleinige Product-Manager für alle Produktentscheidungen war, hatte ich anfangs natürlich Zweifel: Entscheidungen zukünftig im Team absprechen zu müssen, Aufgaben zu delegieren, statt sie komplett selbst in der Hand zu haben, oder sich mit den Problemen der Mitarbeiter rumärgern zu müssen. Eigentlich alles nicht wirklich vorstellbar. Schon bei der Rekrutierung der ersten drei bis vier Leute wurde mir schnell klar, dass das mein Ding ist. Fähige Leute auf dem Markt zu finden und dann von der eigenen Herausforderung zu überzeugen, ist für mich extrem spannend, wenn auch sehr zeitaufwendig. Ich höre immer wieder Beschwerden von HRlern und Headhuntern, dass sich die Führungskräfte nicht genug Zeit für das Recruiting nehmen würden. Das kann aus meiner Sicht nur daran liegen, dass sie einerseits den Wert eines tollen Teams noch nicht zu schätzen wissen und andererseits wahrscheinlich keine Lust haben, mit Menschen zusammenzuarbeiten. Die Aussage, dass Führungskräfte keine Zeit für das Recruiting haben, da sie zu sehr im

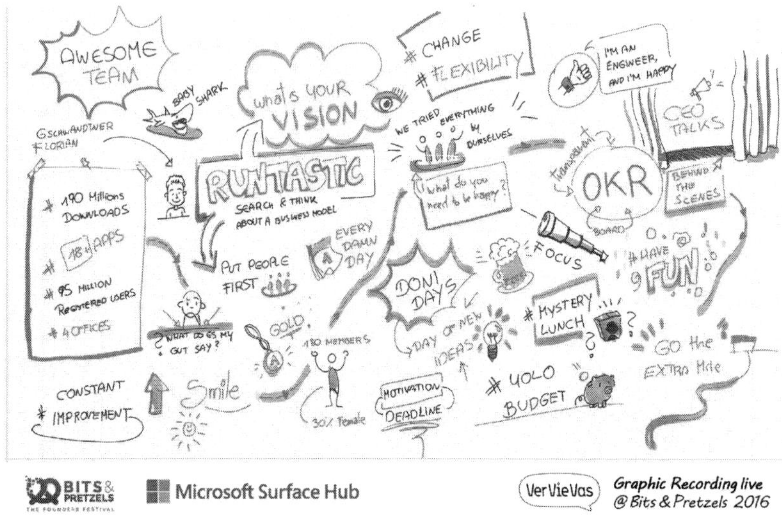


**Abb. 2.4** Live-Scribble einer Präsentation von Florian Gschwandtner

Tagesgeschäft integriert sind, ist aus meiner Sicht falsch. Recruiting gehört zur Kernaufgabe jeder Führungskraft.

Ich persönlich liebe es, mit meinem Team gemeinsam an einer Challenge zu arbeiten, das Team-Set-up immer weiter zu optimieren, dem Team die Vision immer wieder aufzuzeigen und das Team permanent zu motivieren.

Weil ich genau das so mag, ist dies wahrscheinlich die Erklärung dafür, warum ich in den letzten zwei bis drei Jahren im Amateur-Fußball immer wieder mit meinen Trainern angeeckt bin. Ich habe versucht, auf dem Platz das Team zu positionieren und auf meine Art zu motivieren. Eigentlich der Job des Trainers. Entsprechend mochten die Trainer mein Vorgehen auf dem Platz oftmals nicht wirklich, leider.

Fragt man erfahrene Gründer und Unternehmer nach ihrer wichtigsten Erfahrung beim Unternehmensaufbau, so antworten die meisten mit: „Ein hoch motiviertes und talentiertes Team zu finden, das zu 100 % an die Vision glaubt", erklärt zum Beispiel Florian Gschwandtner, Gründer und CEO von Runtastic (vgl. Abb. 2.4 Live-Scribble) [13].

Carsten Maschmeyer, bekannt als Investor aus der Fernsehshow „Die Höhle der Löwen", unterstreicht die Wichtigkeit des Teams ebenfalls durch seine Aussage: „Im Immobilien-Markt sagt man Lage, Lage, Lage. Bei Start-ups sagt man Team, Team, Team" [13].

## 2.3.1 Sei ein guter Leader

Aber was muss man tun, um ein guter Leader zu sein? Sicher ist, dass es pro Branche und natürlich auch pro Team immer unterschiedliche Dinge sind, die einen guten Leader ausmachen. Schließlich geht es einerseits über die Erreichung von andersartigen Zielen in unterschiedlichen Branchen, andererseits von völlig unterschiedlichen Team-Set-ups, Team-Größen und letztendlich von einzelnen Individuen als Team-Mitgliedern. Nicht ganz einfach, aber definitiv lösbar. Dafür gibt es genügend Beispiele. Meine persönlichen Regeln für eine gute Leadership in Start-ups und Unternehmen:

**Sechs Regeln für gutes Leadership**

1. „Sprich mit dem Team, so viel es geht." Nur so lassen sich die Teams auch wirklich verbessern. Die Leute besser machen sehe ich als die Kernaufgabe eines guten Leaders an. Denn nur so bekommt man auch wirklich mit, an welchen Stellen man die berühmte „Extra Meile" noch herausholen kann. Möglichkeiten für Gespräche gibt es genug. „Keine Zeit" ist keine akzeptable Ausrede für einen guten Leader.
2. „Stress das Team nicht, sondern nimm dem Team den Stress." Ein Beispiel. Statt die Deadline immer wieder zu nennen, sollte man die Begründung für die Deadline und die positiven Konsequenzen immer wieder betonen. „Der Kunde kündigt sonst" ist wiederum keine akzeptable Vorgehensweise. Stattdessen könnte man sagen: „Was fehlt euch, was kann ich tun, damit wir die Deadline trotzdem halten können? Ihr wisst, dass wir mit dem Gewinn dieses Kunden unser Jahresziel geschafft haben und damit völlig neue Möglichkeiten gewinnen."
3. „Man benötigt keinen Titel, um ein guter Leader zu sein." Vor allem gültig in agilen Product-Teams. Entwickler müssen keine tollen Titel bekommen, um andere Entwickler mit sich zu ziehen oder besser zu machen. Beim Fußball muss man nicht Mannschaftskapitän sein, um im Team eine Leader-Funktion zu übernehmen.
4. „Kreiere ein Wir-Gefühl." Ohne ein gemeinsames Ziel und ein funktionierendes Team-Gefüge ist großer Erfolg nicht möglich. Ein guter Leader ist dafür verantwortlich, im Team einen Spirit zu implementieren: „Einer für alle, alle für einen." Dazu gehört auch der Leader selbst. Im

Start-up ist der Leader der Chef und muss am Ende natürlich den Kopf hinhalten. Das ist der Deal. Aber der Leader arbeitet im besten Fall deutlich härter als das Team selbst, denn dann funktioniert er als Vorbild für das Team. Nur wenn jeder im Team der Arbeit des anderen die gleiche Wertschätzung schenkt, entsteht ein bedingungsloses Wir-Gefühl.

5. „Leadership muss man lernen." Die meisten Gründer sind keine „Natural born leaders". Gute Leadership basiert auf Erfahrung. Jeder Mitarbeiter und jedes Team tickt anders. Es dauert seine Zeit, bis alles so läuft, wie man es sich wünscht. Leader müssen viel mehr als andere ständig selbst reflektieren. Viele erfolgreiche Gründer bestätigen zudem, dass es extrem hilfreich sein kann, sich externe Hilfe zu holen, um ein sehr guter Leader zu werden. Wie führt man Mitarbeitergespräche? Wie schenkt man Mitarbeitern Wertschätzung? Wie löst man Probleme mit einem Mitarbeiter? Geschulte Führungscoaches oder andere erfahrene Gründer geben dazu gern gute Tipps. Dringend zu empfehlen.
6. „Sei authentisch und transparent." Diese Regel hängt eng zusammen mit dem Wir-Gefühl des Teams. Wenn Leader authentisch sind, sind sie in der Regel gute Vorbilder und das Team folgt ihnen sehr gern. Aber neben einer Authentizität, die ich persönlich als wichtiges Social Skill für Gründer halte, ist die Transparenz der Unternehmensentwicklung mindestens genauso wichtig:
   - Was sind die Unternehmensziele und wo stehen wir?
   - Was ist die Unternehmensvision?
   - Was macht ein Gründer-Team den ganzen Tag?
   - Wie laufen die Investoren-Gespräche, von denen eigentlich offiziell niemand wissen darf, aber dennoch jeder inoffiziell weiß?

Google macht es seit Jahrzehnten vor. In regelmäßigen Abständen kommt das gesamte Team zusammen und die Gründer, Manager oder wer auch immer etwas zu sagen hat, updaten das Team über die aktuellen Herausforderungen und Pläne des Managements. Man nennt diese Meetings „Objectives, Key Indicators & Results" (OKR). Sie sind wichtig für das gesamte Team, um stets genau zu wissen, wofür sie die Extra-Meile laufen sollen.

Auch wir bei Trusted Shops führen jetzt schon seit drei Jahren einmal pro Monat ein OKR für das Team durch. Das Feedback ist durchweg positiv, da die Mitarbeiter stets auf dem Laufenden sind und zumindest grob Bescheid wissen, welches große Projekt oder welcher große Change auf sie zukommen wird. Das ist positives Erwartungsmanagement. Angelehnt an den Scrum-Daily, nennen wir dieses Meeting den Monthly, innerhalb des Produktmanagements begonnen, mittlerweile für die ganze Company.

Heiko Hubertz, Gründer und CEO der Onlinegaming-Company Bigpoint GmbH, spricht von fünf Skills, die ein guter Leader haben sollte: [13]

- Selbstwahrnehmung
- Selbstregulierung
- Motivation
- Empathie
- Soziales Verhalten

### 2.3.2 Team Spirit

Es gibt das deutsche Sprichwort: „Der Fisch stinkt vom Kopf." Der Spirit, der in einem Team herrscht, muss demnach vom Leader vorgelebt werden. Schon im Recruiting sucht man sich die Leute auch schon anhand des Spirits aus. Das bestätigt Philipp Kreibohm, Founder vom Online-Möbelshop Home24 [13], und fasst in drei Punkten zusammen, die für ihn im Recruiting immer besonders hilfreich sind:

- Keine Arschlöcher
- Professionelle Kompetenz in ihrer Disziplin
- Das Flackern in den Augen

Aber wie etabliert man Team Spirit? Am besten, indem man das Team zum Mitmachen bringt. In der digitalen Branche sucht niemand nach Leuten, die Befehle lediglich ausführen. Natürlich gibt es die Einzelaufträge vom Chef selbst, die bitte nicht zu hinterfragen, sondern auszuführen sind. Das kennt jeder, der in einem Unternehmen arbeitet. Allerdings sollten diese Aufträge nicht zu häufig vorkommen, da das Team sich sonst in seiner Kompetenz beschnitten fühlt. Das geht schneller, als viele Chefs sich das vorstellen können.

Im Optimalfall stellt man ein Team zusammen, entwickelt gemeinsam ein Ziel, stellt ein Budget bereit und es geht los. Leider gibt es dabei ein paar Fallstricke.

Schon bei der Definition der Ziele werden häufig Fehler gemacht. Meistens sind die Ziele gar nicht erreichbar. Zum Beispiel 50 % Umsatzwachstum im nächsten Jahr. Erreicht das Team nur 41 % und damit möglicherweise immer noch 20 % mehr als dieses Jahr, so wird es demotiviert sein, obwohl es wahrscheinlich einen super Job gemacht hat. Im Umkehrschluss können Ziele natürlich auch zu niedrig angesetzt werden, sodass es dem Team an Ansporn fehlen kann.

**Bespiel Team Spirit**

Ein schönes Beispiel ist wieder Runtastic. Fünf Company Goals wurden aufgestellt. Bei Erreichung des Ziels war das besondere Incentive eine viertägige All-Inclusive-Mallorca-Reise mit dem gesamten Team. Eine tolle Idee, die das Team-Gefüge über die Abteilungsgrenzen hinweg gestärkt hat. Das Team hat es geschafft, alle fünf Ziele zu erreichen – auf den letzten Metern, berichtet Florian Geschwandtner von Runtastic.

Team-Aktivitäten wie gemeinsame Sportgruppen, Team-Essen, Mittagessen, Sommerfeste oder Grillabende auf der Dachterrasse sind keine besonders kreativen Ideen, funktionieren aber dennoch sehr gut. Die meisten Mitarbeiter sind dankbar für alle Angebote, da sie sich als Mitarbeiter dadurch wertgeschätzt fühlen.

Eine weitere Idee, die ich auch selbst umgesetzt habe, ist das Prinzip des „Open Friday". Einmal im Monat haben wir bei Trusted Shops einen Arbeitstag im Office, an dem jeder an etwas arbeiten kann, was auf keiner Roadmap steht. Allerdings muss jeder Mitarbeiter seine Idee im Vorfeld vorstellen, um Kollegen als Mitstreiter zu gewinnen. Abends werden dann die Ergebnisse präsentiert. Eine tolle Sache, die von den Teams aus allen Abteilungen mittlerweile sehr gut angenommen wird. Von Datenbank-Hacks über einen Facebook-Bot und eine neue HR-Webpage bis hin zu einem neuen Sitzplan für die Product-Teams konnten wir so schon sehr produktiv sein. Ein weiterer Vorteil: Es tun sich auf einmal Leute mit Ideen hervor, von denen man es zuvor geglaubt hätte. Somit auch ein kleines Sprungbrett für Leute, die nicht immer im Rampenlicht stehen.

- **Sucht den Erfahrungsaustausch** Eine wichtige Empfehlung, die ich hinsichtlich Leadership und Team-Motivation geben kann, ist der Austausch mit anderen Start-ups und Unternehmen. Alle haben die gleiche Herausforderung, das beste Team zusammenzustellen und motiviert zu halten. Ideen gibt es somit genug. Es lohnt sich jedoch immer, von Gleichgesinnten zu erfahren, was bei ihnen gut oder schlecht funktioniert hat. Allerdings muss man die Ideen selbst ausprobieren, ob sie auch wirklich den gewünschten Effekt bringen. Jede Company-Culture ist bekanntlich sehr individuell angelegt.

## 2.4 Product-Synchronisation

### 2.4.1 Die Product Roadmap

Die Product Roadmap ist ein Dokument, welches das priorisierte Produkt-Backlog für die Entwicklungen bzw. Planungen der nächsten Wochen abbildet, natürlich mit mehr Details wie Release-Dates, Major Milestones und Abhängigkeiten. Diese Art der Product Roadmap habe ich bei Trusted Shops das erste Mal in der Form eingeführt und immer weiter optimiert. Mittlerweile gilt die Product Roadmap als das Kommunikations-Medium schlechthin im Unternehmen. Streng nach dem Motto „Was nicht auf einer Roadmap steht, gibt es nicht". Die Roadmaps müssen permanent vom Product-Team angepasst werden (vgl. Abb. 2.5 Product Roadmap Beispiel). So gewährleistet man ständige Transparenz der Produktentwicklung und keine Geheimnisse oder Fehlversprechen gegenüber Stakeholdern.

Immer wieder trifft man Produkt-Manager, die sich gegen das Pflegen von Roadmaps oder Projektplänen aussprechen. Oftmals sogar mit dem Argument „Nein, wir brauchen keine Roadmap, wir sind doch agil." Ein fataler Fehler, wie sich häufig herausstellt. Ein Produkt ohne mittel- bis langfristige Vision und Roadmap ist zum Scheitern verurteilt. Zu angreifbar ist die Argumentation der Product Manager, wenn sie keinen validen und offen kommunizierten Plan jederzeit aus der Schublade ziehen können.

„Warum ist dies oder jenes Feature für den Super-Kunden XY denn schon wieder nicht auf der Roadmap?" Diese Frage hat garantiert jeder Produkt-Manager schon einmal gehört. Eine gute Product Roadmap sollte diese Frage beantworten, zum Beispiel mit: „Hier sieht man die Weiterentwicklungen, die wir zur Erreichung der Unternehmensziele mit den Stakeholdern abgestimmt haben."

Da man meist nicht in einem Start-up unterwegs ist, lassen sich nicht jede Woche die letzten Kundenfeedbacks oder wie es die Scrum-Theorie definiert „das wertigste Thema aus dem Produkt-Backlog" umsetzen. Das wäre eine schöne ideale Welt für ein Unternehmen. Hunderte von aktuellen und alten Kundenfeedbacks, die Vision des Product Owners und unternehmensinterne Prozessoptimierungen gilt es stets, aufzunehmen, zu sortieren, zu bewerten und dann in der Product Roadmap aufzunehmen oder in das Produkt Backlog zu packen, jedes Quartal auf ein Neues.

Die Product Roadmap ist ein lebendes Dokument und kann natürlich jederzeit geändert und angepasst werden, sonst verliert man wiederum die Agilität. Allerdings muss eine gute Product Roadmap hinsichtlich der Inhalte immer ver-

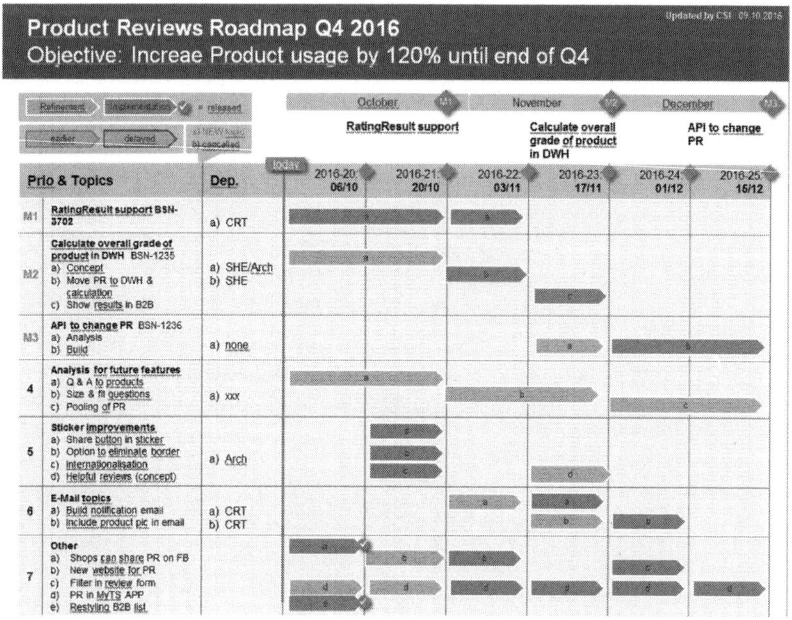


**Abb. 2.5** Product Roadmap Beispiel: Product Reviews @Trusted Shops

ständlich und vor allem zeitlich korrekt sein. Das bedeutet, die Teams müssen versuchen, sich an das „Was wird wie und wann entwickelt?" möglichst zu halten. Valide Schätzungen im Vorfeld sind nach wie vor unabdingbar.

Aber gemäß Scrum können sich Dinge natürlich jederzeit in der Priorität verschieben. Dies erfordert selbstverständlich in den Teams und auch zwischen den Teams enormen Abstimmungsaufwand, da die Motivation, die aufgestellte Product Roadmap auch bis zum Ende durchzuziehen, entsprechend hoch ist. Die Scrum-Teams müssen alles dafür tun, ihre Roadmaps möglichst geräuschlos und ungestört umsetzen zu können. Zu viele Einflüsse „von außen" können natürlich das Erreichen der definierten Product Vision erschweren.

Der Chief Product Owner, der im Optimalfall die Produkt-Visionen der einzelnen Product Owner in sich vereinigt und vorantreibt, muss stets im Bilde sein über das „Was wird wann gemacht?". Vor allem in Multiproduktportfolios empfiehlt sich hier die Installation eines Synchronisation-Masters, der sich vollständig um die Abstimmungen der Scrum-Teams untereinander kümmert.

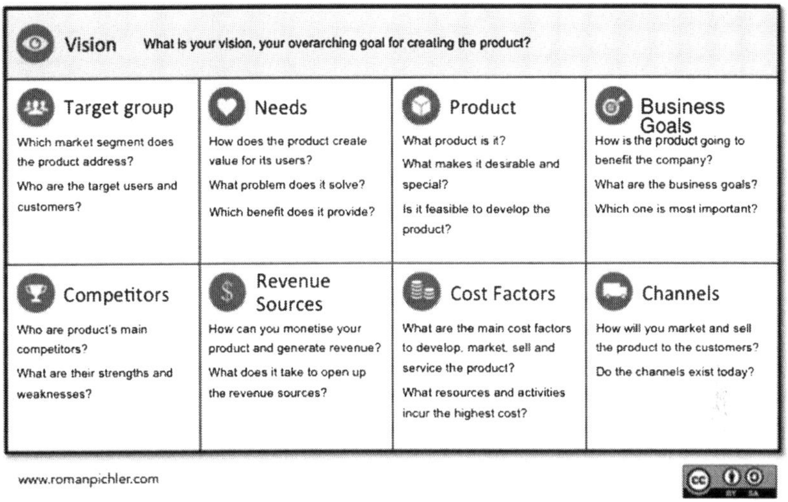


**Abb. 2.6** Product Vision Board von Roman Pichler

Die Erstellung, Pflege und Kommunikation einer übergreifenden Product Vision liegt in der Verantwortung des Chief Product Owners. Dieses Artefakt dient dazu, allen Stakeholdern die langfristige Ausrichtung des Produktes am Markt transparent darzustellen, ebenso wie den Product Owner eine Leitlinie zu geben, in welchem Rahmen sie ihre Produkte selbstständig entwickeln können. Das Product Visions Template von Roman Pichler [14] hat sich für mich als ein hervorragendes Tool herausgestellt. Das Auflisten und regelmäßige Updaten der Zielgruppen, Kundenbedürfnisse, Business-Ziele, Konkurrenten, Marketing-Kanäle, Kostenfaktoren und Umsatztreiber hilft dem CPO enorm bei der Reflexion des aktuellen Status quo. Ich persönlich bevorzuge es, die Product Vision jedes Quartal upzudaten und neu zu kommunizieren, wenn notwendig (vgl. Abb. 2.6 Product-Vision-Board).

## 2.4.2 Team-Synchronisation

Zu jedem Release empfiehlt sich hier eine Runde mit allen Product Ownern, um einen detaillierten Blick auf die To-dos der nächsten beiden Sprints zu werfen. So ergeben sich dann kurzfristig Abhängigkeiten und Synergieeffekte. Zu diesem „Roadmap-Sync-Termin" können natürlich auch andere Mitarbeiter, die nicht aus der Produktentwicklung selbst kommen, eingeladen werden. Denn jeder darf bei der Priorisierung der Produktentwicklungsthemen mitmachen oder auf dem Laufenden bleiben. Erfahrungsgemäß werden auf diese Weise neue Aspekte und Feedbacks mit eingebunden. In der Realität ist es jedoch oft so, dass viele Mitarbeiter zu sehr in ihrem operativen Geschäft gefangen sind und somit schlichtweg keine Zeit übrig ist, um sich mit der Produktentwicklung zu beschäftigen. Ein Punkt, für den ich persönlich noch keine gute Lösung gefunden habe.

Parallel haben wir einen „technischen Release Sync-Termin" etabliert, bei dem die nächsten beiden Releases aus technischer Sicht beleuchtet werden, um Abhängigkeiten schon frühzeitig zu erkennen. Natürlich werden in diesen Terminen auch Retrospektiven durchgeführt, um aus den Dingen, die eben besonders gut oder eben besonders schlecht gelaufen sind, zu lernen.

Klingt nach viel Overhead? Das mag sein. Aber wir reden ja nicht nur über Growth Hacking oder agile Produktentwicklung für Start-ups, sondern ebenso für größere Unternehmen. Dass dort eine Abstimmung notwendig ist, sollte jedem klar sein, der schon einmal in einem Unternehmen gearbeitet hat.

### 2.4.3 Tool-Unterstützung

Wir sind Nerds – wir lieben natürlich Tools. Aber etwas vorweg, das sich bei meinen Teams immer bewährt hat: Kein Tool der Welt ersetzt das persönliche Gespräch, und zwar unabhängig davon, ob im Eins-zu-Eins-Gespräch oder im Team. Nicht vergessen!

Als abteilungsübergreifendes Projekt-Management-Tool haben wir von Atlassian das Tool Jira eingeführt und dann laufend erweitert um die Module Jira Agile (Scrum Support), Jira Zephyr (Testmanagement) und Confluence (Wiki und Chat). Als Team-Chat sind wir mit Hipchat gestartet und wechseln derzeit auf Slack. Wiederum vor allem für die Abstimmung innerhalb von Teams ein guter Fortschritt, auch wenn wir intern leider noch eine Hipchat-Fraktion und eine Slack-Fraktion haben, was natürlich keinen Sinn macht. Zwei unterschiedliche Team-Kommunikations-Tools sind kontraproduktiv. Das ist ein gutes Beispiel dafür, dass man die Teams nicht immer selbst entscheiden lassen sollte, welche Tools sie am besten bei der täglichen Arbeit unterstützen und welche nicht.

Insgesamt war die Tool-Einführung bei Trusted Shops ein voller Erfolg, da die Teams die Kommunikation und Abstimmung über Jira und Co. lieben. Das ist der Erfolgsfaktor für diese Art von produktivitätssteigernden Tools. Die User müssen die Tools gern nutzen, sonst schreiben sie wieder endlose E-Mails an riesige Empfängerkreise.

### 2.4.4 Standardisierter Release-Prozess

Die Product-Teams bei Trusted Shops arbeiten jetzt schon seit 2013 in Sprints von zwei Wochen. In dieser Zeit gab es nur ein einziges geplantes Release, welches wir ausfallen lassen mussten. Der Grund war allerdings relativ simpel: das hohe Traffic-Aufkommen in der Vorweihnachtszeit. Das ist natürlich ein spezielles Problem der E-Commerce-Branche – zudem ein Luxusproblem, wenn der Traffic sich geplant vervierfacht. Allerdings ist das Risiko eines Releases in der Hochphase des Weihnachtsgeschäfts tatsächlich sehr hoch, da wir einen Fehler oder gar eine Downtime unserer Widgets, die in über 20.000 Online-Shops eingebunden sind, den Kunden gegenüber nicht verantworten können.

Umso wichtiger ist ein perfekt eingespielter und standardisierter Ablauf des Release-Prozesses, teamübergreifend. Gute und regelmäßige Kommunikation, eine bestenfalls nahezu 100-prozentige Abdeckung durch automatische Tests sowie zumindest eine Annäherung an die Prinzipien von Continuous Integration und Continuous Delivery gelten hinsichtlich der Releasequalität und -geschwindigkeit als die wichtigsten Erfolgsfaktoren.

Die Releasequalität ist für ein junges Start-up sicherlich gar kein großes Thema, da Legacy-Code quasi noch nicht wirklich existiert. Auf einer grünen Wiese zu starten, ist heute mit den vorhandenen Tools relativ simpel.

Für gewachsene IT-Systeme mit mehreren Dutzend eincheckenden Entwicklern, diversen Entwicklungsumgebungen, Programmiersprachen, Repositories, Branches, Staging-Servern und Co. ist die Automatisierung des „heiligen" Release-Prozesses jedoch ein bisschen aufwendiger.

Umso wichtiger ist es, den Release-Prozess kompromisslos zu vereinheitlichen. Dies funktioniert auch hier nur mit Release-Manager, der ausschließlich an der Releasequalität sowie der Releasegeschwindigkeit gemessen wird. Kein leichtes Unterfangen, da die Faktoren Geschwindigkeit und Qualität sich in der Regel nicht besonders mögen. Aber genau dort liegt die Herausforderung für den über greifenden Release-Manager.

### 2.4.5 U-Boote/Speed-Boote

Es ist für viele Scrum-Teams ein leidiges Thema – „Oh Mann, schon wieder ein U-Boot!" heißt es dann schnell über den Flurfunk. Was ist so ein U-Boot oder Speed-Boot?

Eigentlich möchte man ein Speed-Boot starten, das an der eigenen Organisation vorbei, möglichst schnell und unabhängig, etwas Spezielles ausprobiert. Leider werden diese Speed-Boote oftmals auch schnell zu einem U-Boot, da sie doch durch irgendwelche Abhängigkeit langsam in der Organisation auftauchen, und das meist ungeplant. Der Gedanke „Ohne Abhängigkeit nebenher" steht natürlich völlig im Widerspruch zu dem Gedanken „Was nicht auf einer Roadmap steht, gibt es auch nicht", das muss jedem Speed-Boot Fahrer klar sein.

Allerdings sind die Product-Teams mit deren Roadmaps derart hart getaktet, dass sie sich nebenher gar kein weiteres Experiment leisten können. Eigentlich sehr schade, aber bei einer laufenden Organisation mit zahlreichen Product-Teams, Roadmaps und übergeordneten Zielsetzungen ist es schwierig, mal eben etwas völlig Neues zu starten. Denn es ist ein schmaler Grat, die Product-Teams durch andere Themen – die nicht direkt auf die Unternehmensziele einzahlen – einerseits nicht ablenken zu wollen, aber andererseits ihnen auch nicht das Gefühl zu geben, bei den „coolen" Innovationen nicht mitmachen zu dürfen.

Die Implementierung einer externen Applikation oder eines Prototyps ohne Systemabhängigkeiten ist ein gutes Beispiel für ein Speed-Boot. Ich habe zum Beispiel die Trusted Shops iOS App, damals in drei Monaten nebenher mit einer externen Agentur implementiert und im Appstore von Apple veröffentlicht. Es war meine erste Mobile App, eine tolle Erfahrung. Und vor allem auch ein cooles Feature für die Trusted Shops-Kunden. Demnach ein erfolgreiches Speed-Boot-Projekt. Anschließend konnte ich ein neues Mobile-Product-Team starten, welches sofort auf einem lauffähigen MVP aufsetzen konnte.

Aber wie kann ein Speed-Boot funktionieren, hat man doch eigentlich selbst keine Zeit? Das Ziel darf immer nur ein möglichst schnelles und günstiges MVP der Idee sein. Der Projektumfang muss klar definiert sein, sonst verliert man sich später in den Details und hat keine Chance, das Projekt mit einem guten Ergebnis zu Ende zu bringen. Das Tagesgeschäft frisst ein zu großes Speed-Boot-Projekt schneller auf, als man es sich vorstellen kann. Denn das Projektmanagement dieser kleinen Innovationsprojekte gestaltet sich oftmals als aufwendig und wird häufig unterschätzt. Für alle anderen wie Entwickler oder UXler empfiehlt es sich, auf externe Freelancer zurückzugreifen.

Ist das lauffähige MVP erst mal gebaut, muss es auftauchen. Der große Vorteil eines lauffähigen MVPs ist, dass man nicht mehr auf dem Bierdeckel mit Stakeholdern oder Kunden diskutieren muss. Mit einem lauffähigen MVP kann jeder das Produkt direkt ausprobieren und sich überzeugen lassen. Genauso gilt es dann als Nächstes, so früh wie möglich die ersten echten Kundenfeedbacks einzuholen.

Durch die eigene Vertriebsmannschaft lassen sich diese Produkte direkt bei den Kunden ausprobieren, um echtes Kundenfeedback möglichst früh zu erhalten. Ich persönlich bevorzuge jedoch eher Webinare, da ich hier mehrere Kunden gleichzeitig erreichen kann. Aber egal, wie die Feedbacks dieser ersten Testkunden ausfallen, es sind die Erfahrungen, die später über Erfolg oder Misserfolg des Produktes entscheiden.

Ist das MVP ein Erfolg, muss in der bestehenden Organisation ein Platz für das neue Produkt gefunden werden. Dies ist zudem immer wieder eine tolle Gelegenheit, das Team-Set-up nochmals zu hinterfragen und auch wieder ein bisschen durchzurütteln. Denn neue Technologien oder neue Produkte sind für jeden Mitarbeiter immer wieder eine Chance, sich neu zu beweisen.

Mein Fazit: Speed-Boote nebenher zu entwickeln, birgt eine Menge Arbeit und wird vom eigenen Team nicht immer gern gesehen. Aber eigentlich kann man nur gewinnen. Sogar für den Fall, dass das neue Produkt kein Erfolg werden sollte, wird man viele Erfahrungen aus der Arbeit mitnehmen. Und eine ausprobierte Idee ist besser als eine Idee, die man noch Jahre im Kopf behält und über die man sich ärgert, wenn sie jemand anderes dann irgendwann erfolgreich umgesetzt hat, oder?

## 2.5 100 % Support vom Management

Möglicherweise der meist unterschätzte Aspekt beim Growth Hacking, bei der agilen Produktentwicklung oder bei größeren Digitalisierungsvorhaben: „Das Management steht nicht zu 100 % dahinter."

Vor allem hinsichtlich der Priorisierung der Roadmaps gibt es in Unternehmen, aber auch in Start-ups oftmals unterschiedliche Meinungen. „Was machen wir als Nächstes?" ist somit eine der kritischsten Fragestellungen, richtig? Für die Beantwortung dieser Frage benötigt der Growth Manager oder der Chief Product Owner stets das 100-prozentige Vertrauen des Managements. Dieses Vertrauen muss sich ein Chief Product Owner durch hervorragendes Stakeholder-Management immer wieder erarbeiten. Alle Stakeholder müssen immer gut abgeholt sein. Gut heißt auch auf der richtigen Flughöhe. Nicht zu hoch, sodass man nicht konkret genug ist. Aber auf keinen Fall auch zu tief, damit man sich in der Diskussion über Details verliert.

Eine der größten Herausforderungen, die ich in den letzten Jahre mit den Product Roadmaps hatte, war der Aspekt, dass die Beschreibung der Features oder der zu erreichenden Meilensteine meistens von niemand anderem verstanden wurde als vom Product-Team selbst. So hilft eine Product Roadmap natürlich nicht als Kommunikationsmittel, sondern schreckt andere eher ab. Das ist bedenklich, denn man möchte nicht als Blackbox angesehen werden – denn das macht Produktentwickler angreifbar. Einer Blackbox vertraut schließlich niemand.

Hinzu kommt die Dimension Zeit. Wie viel Zeit hat man zum Ausprobieren? Wie realistisch sind die Ziele gesetzt worden? Sind sie vielleicht nur an den Zahlen der Konkurrenz ausgelegt statt tatsächlich auch mithilfe einer Machbarkeitsanalyse? Sind wir ehrlich, kaum ein Projekt oder Produkt funktioniert schon in der ersten Iteration so, wie man sich das gewünscht hat. Aber oftmals ist das leider die Erwartungshaltung des Managements. Meine Erfahrung ist dazu, dass man schon im Vorfeld umso härter gemeinsam am gegenseitigen Erwartungsmanagement und den gesetzten Zielen arbeiten muss.

Ziele müssen sportlich, aber realistisch sein. Sind diese Ziele dann in der vorgesehenen Zeit nicht erreicht worden, dann müssen auch alle den Mumm haben, das Projekt oder das Produkt zu canceln. Nichts ist schlimmer, als Zeit und Ressourcen zu verbrennen, indem man das berühmte tote Pferd immer weiterreitet.

## Literatur


1. Pichler, Roman. 2010. *Agile product management with scrum: Creating products that customers love*. Upper Saddle River: Addisson Wesley.
2. Krivitsky, Alexey. http://www.lego4scrum.com/. Zugegriffen: 12. Okt. 2016.
3. Harasymczuk, Matt. https://www.youtube.com/watch?v=Mpsn3WaI_4k. Zugegriffen: 11. Nov. 2016.
4. Klausegger, Claudia, und Dieter Scharitzer. 2000. *Das Kano-Modell der Kundenzufriedenheit – Eine empirische Analyse von Kundenanforderungen am Beispiel der Mobilfunkbranche*. Wiesbaden: Deutscher universitäts-verlag.
5. Ries, Eric. http://theleanstartup.com/. Zugegriffen: 4. Okt. 2016.
6. Kniberg, Henrik. 2016. http://blog.crisp.se/2016/01/25/henrikkniberg/making-sense-of-mvp. Zugegriffen: 8. Okt. 2016.
7. http://www.businessinsider.com/the-iterate-fast-and-release-often-philosophy-of-entrepreneurship-2009-11?IR=T.
8. Swinmurn, Nick. 2010. *Delivering happiness: A path to profits, passion, and purpose*. New York: Grand Central Publishing.
9. Jobs, Steve. http://fortune.com/2015/06/09/shahrzad-rafati-keeping-your-best-employees/. Zugegriffen: 4. Okt. 2016.
10. Bezos, Jeff. 2013. http://www.businessinsider.com/jeff-bezos-two-pizza-rule-for-productive-meetings-2013-10?IR=T. Zugegriffen: 4. Okt. 2016.
11. Noel, Jean Marc. http://www.trustedshops.com.
12. Mueller, Ernest. 2010. https://theagileadmin.com/what-is-devops/. Zugegriffen: 4. Okt. 2016.

13. Vorträge auf der BitsandPretzels Konferenz vom 25.-27.10.2016 in München. https://www.bitsandpretzels.com/.
14. Pichler, Roman. http://www.romanpichler.com/blog/the-product-vision-board/. Zugegriffen: 12. Okt. 2016.
15. Angelehnt an: Stefan Hagen. 2010. http://pm-blog.com/2010/04/05/scrumbut-we-use-scrum-but/. Zugegriffen: 4. Okt. 2016.

# Product-Market-Fit 3

Über den Product-Market-Fit wird viel geschrieben und vor allem diskutiert. Worum es geht, lässt sich mit nur einer einzigen Frage beantworten: Bekommst Du genügend Kunden, die Dein Produkt auch wirklich nutzen? Die valide Beantwortung dieser Frage ist eine Herausforderung, an der sich schon viele Start-ups und auch etablierte Unternehmen die Zähne ausgebissen haben. Ein trauriger Erfahrungswert ist, dass viele Start-ups schon daran scheitern, dass sie gar nicht genau wissen, wie man diese Frage überhaupt valide beantworten kann. Woher bekommt man die Daten, die beweisen, ob es für das Produkt und das Angebot tatsächlich einen Markt gibt?

Ich persönlich mag die Diskussion um den Product-Market-Fit besonders, da sie auch die Nachfrage nach dem Produkt noch mal in den Vordergrund stellt. Die besten Growth Hacks bringen bekanntlich nichts, wenn niemand das Produkt benötigt oder haben will. Wenn das Produkt noch nicht mal kostenlos Anklang findet, dann sollte man die Produktidee und die zugehörige Zielgruppe überdenken. In dem Fall stimmt etwas nicht. Löst das Produkt wirklich ein Problem der angedachten Zielgruppe?

## 3.1 Definition Product-Market-Fit

> You've reached Product-Market-Fit when 40 % of your users say that they would be very disappointed if your product was taken away Sean Ellis [1].

Dieses Zitat von Sean Ellis bedeutet negativ formuliert, mehr als die Hälfte der Sign-ups für ein Produkt können gar nicht komplett aktiviert werden, richtig? Dies muss man sich im Online-Business einfach eingestehen. Denn viele User probieren gern etwas Neues aus und kommen nach dem ersten Sign-up niemals


H. Lennarz, *Growth Hacking mit Strategie*,
DOI 10.1007/978-3-658-16231-3_3

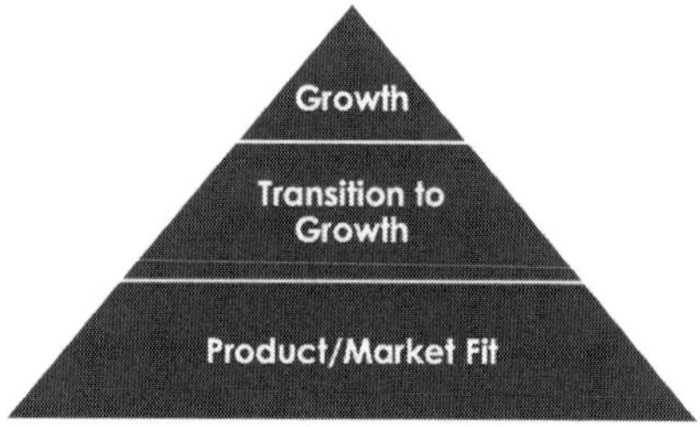


**Abb. 3.1** Vom Produkt-Market-Fit zu Growth [1]

wieder. Andere User finden schon direkt nach dem Sign-up heraus, dass das Produkt doch nicht hält, was es verspricht, oder leider doch nicht den Nutzen bringt, den man sich insgeheim im Vorfeld davon versprochen hat. Das passiert den meisten SaaS-Produkten, man sollte es sich nur immer wieder bewusst machen.

Natürlich ist immer das Ziel, möglichst viele User zu einem Sign-up zu bewegen und anschließend möglichst schnell zur Produktnutzung. Es geht demnach um den Fokus auf die hochwertigsten Marketing-Channels (Market-Fit), um dann beim Onboarding genau die richtigen User mit den Features überzeugen zu können (Produkt-Fit) (vgl. Abb. 3.1 Vom Produkt-Market-Fit zu Growth).

Für das Finden des Product-Market-Fits, also der richtigen Positionierung des Produktes auf dem Markt, ist eine genaue Analyse des Marktes, des Markt-Potenzials, einzelner Akquise-Channels und deren Kosten, der Konkurrenzsituation und natürlich auch der Kundenbedürfnisse notwendig. Wenn man es sich einfach machen möchte, dann schaut man sich die ein bis zwei Top-Konkurrenten auf dem zu erobernden Markt an und vergleicht Features, Pakete, Preise, Vertragsbedingungen, Unique Selling Points (USPs), Key Messages und natürlich deren Akquise-Channels.

> **Tipp** Melde Dich doch einfach mal bei der Konkurrenz an oder telefoniere mit deren Hotline und stelle ein paar Detailfragen. Du bekommst dadurch einen verdammt guten Eindruck Deines Wettbewerbers. Lass das bitte nicht einen Mitarbeiter machen, sondern mach das selbst, um die Insights in das Produkt der Konkurrenz wirklich selbst zu erfahren – das wird sich lohnen.

## 3.2 Wie findet man den Product-Market-Fit?

Aber wie findet man den Product-Market-Fit? Einfach ist es nicht, im Gegenteil, wahrscheinlich sogar nach der Gründung selbst das Schwierigste. Ohne die entsprechende Ausdauer kann man bekanntlich im Growth Hacking nicht erfolgreich sein.

Ein weiteres Learning zum Product-Market-Fit – ohne einen agilen Prozess wird es schwer werden, erfolgreich zu sein, vielleicht sogar unmöglich. Denn der erste Versuch des Angebots wird garantiert nicht so gut sein, wie man es sich erhofft.

Fragen, die in jeder Abstimmungsrunde zum Pricing auftauchen:

- „Wollen wir teurer oder billiger als die Konkurrenz sein?"
- „Bieten wir ein Free-Version an oder lieber nicht?"
- „Wie groß sollen die Pricing-Unterschiede zwischen den Paketen sein?"
- „Wie viele Pakete bieten wir an?"
- „Wie gehen wir generell mit Rabatten um?"

An diesen Fragen haben sich schon zahlreiche Gründer und Teams die Zähne ausgebissen, wie man sich sicher vorstellen kann.

Wichtig ist, die Nerven nicht zu verlieren und immer weiter besonders genau auf die Rückmeldungen der Kunden zu hören. Die Kundenaussage „zu teuer" ist dabei kein Benchmark, sondern ein Feedback, dem man direkt beim Kunden auf den Zahn fühlen muss. Der Einsatz von Live-Chat-Tools kann auf der Verkaufsseite helfen, um direktes Feedback von den Kunden zu bekommen: wonach sie suchen, wie das Preisniveau bei ihnen ankommt oder warum sie nicht direkt nur über die Website überzeugt werden konnten. Einer Studie [2] zufolge sollen Live-Chats auf der Website bei 62 % der Besucher positiv zur Kaufentscheidung beitragen.

Stellt Euch vor: Ihr habt ein nagelneues Freemium-Produkt entwickelt, das schon nach kurzer Zeit eine zufriedenstellende Anzahl an kostenlosen Sign-ups in den Akquisitions-Funnel spült. Hier kann man schon einmal sagen: „Herzlichen Glückwunsch, Ihr habt Akquise-Channels für Euer Produkt gefunden." Bis zu diesem Punkt sind viele Start-ups gar nicht erst gekommen, auch wenn es nur die wenigsten zugeben oder wahrhaben wollen.

Jetzt kommen zwar die Sign-ups rein, aber ihr stellt fest, dass ein Großteil der User gar nicht erst in die Nutzung des Produktes gelangt. Irgendwo scheinen die User nach dem Sign-up nicht weiterzukommen. Das Problem kann zum Beispiel bei der technischen Integration des Produktes liegen oder einfach nur daran, dass der User nach einer Woche sein Passwort vergessen hat. Es kann unzählige Gründe geben. In Online-Shops wird zum Beispiel der Einfluss des Angebots der richtigen Zahlungsarten im Checkout-Prozess von vielen Shopbetreibern sehr unterschätzt. Leider reicht schon einer dieser unzähligen Gründe aus, um mit diesem einen User letztendlich doch kein Geld verdienen zu können. Und das, obwohl man in der Akquise erfolgreich zu sein scheint.

Was kann man tun, wenn die Umsätze nicht in der Geschwindigkeit einlaufen, wie gewünscht? Die einfache und aus meiner Sicht einzige Antwort auf diese Frage ist: mit den Usern sprechen, um genau herauszufinden, warum sie nicht bereit sind zu zahlen oder warum sie an einer bestimmten Stelle nicht weiterkommen.

▶ **Wichtig** Man muss hier als gesamte Organisation die Nerven bewahren. Sowohl für Start-ups als auch für Unternehmen ist es hilfreich, im Vorfeld eine Zielsetzung für beispielsweise zwölf Monate festzulegen, wenn möglich. Natürlich müssen die Status-Reportings regelmäßig an die Stakeholder gegeben werden – das macht sonst keine Geschäftsführung oder kein Start-up-Investor mit. Aber Zweiflern muss dennoch immer wieder sehr transparent verdeutlicht werden, dass man stets Herr der Lage ist und seine Business-KPIS im Griff hat.

Eine Zielsetzung für ein Free-to-Paid-Business, wie man es heute 100-fach vorfindet, könnte zum Beispiel für die ersten zwölf Monate so aussehen:

- Maximierung der Anzahl registrierter Nutzer (Market-Fit in den ersten vier Monaten)
- Maximierung der Anzahl aktiver Nutzer (Produkt-Fit in den ersten acht Monaten)
- Maximierung Anzahl bezahlter User (Upselling in den ersten zwölf Monaten)

So kann man sich Schritt für Schritt zum Product-Market-Fit vortasten und ist nicht direkt mit der Fülle an Optimierungsmöglichkeiten überfordert. Also erst mal User sammeln, dann User aktivieren, dann User zum bezahlten User machen. Dies wiederum funktioniert nur mit dem richtigen Erwartungsmanagement an die doch meist ungeduldigen Stakeholder. An falschen oder unrealistischen Erwartungen sind schon zu viele Start-ups gescheitert.

### 3.2.1 Länderunterschiede

Alle Growth Hacker, die auch in internationalen Märkten unterwegs sind, wissen, dass man die kulturellen Unterschiede im Nutzungsverhalten der User in den Märkten nicht unterschätzen darf. Nehmen wir beispielsweise die für uns Europäer deutlichen Unterschiede zwischen Europa und Asien: andere Schrift, andere Kultur, andere Arbeitsweisen, andere rechtliche Hintergründe, andere Lieblings-Geräte oder andere bevorzugte Suchmaschinen und soziale Netzwerke. Gibt es derartige Unterschiede, dann ist schnell klar, dass eine Marktdurchdringung eine Herausforderung sein wird.

Innerhalb Europas scheint dies auf den ersten Blick jedoch viel einfacher zu sein. So denken zumindest viele. Schaut man sich aber beispielhaft ein Standard-Design eines Online-Shops in Deutschland, Frankreich und Großbritannien im Vergleich an, so findet man schon enorme Unterschiede:

- Das deutsche Design ist normalerweise sehr clean mit einem hohen Anteil an hellen Hintergründen und einer guten, übersichtlichen Aufteilung der einzelnen Elemente. Eigentlich typisch deutsch, oder?
- Die Briten hingegen lieben es eher kleinteilig, sehr bunt, überfüllt mit Hunderten Einzelteilen und oft sogar technisch nicht ganz sauber.
- Die Franzosen sind wiederum oft sehr farbenfroh unterwegs. Große emotionale Bilder mit freundlichen Menschen werden abgebildet.

Neben den Erwartungen der User an das Design unterscheidet man auch gern beim Einsatz bevorzugter Bezahlmethoden, Produktbilder, Lieferzeiten, Preise, Währungen oder unterschiedlichen Vertrauens-Elementen. Eine Vielzahl von Dingen gilt es zu beachten. Als wäre die Hürde einer qualitativ hochwertigen Übersetzung in die jeweilige Landessprache nicht bereits Hürde genug.

> By the way: Es stimmt wirklich, dass Franzosen am liebsten nur bei Franzosen – also mit französischen Top-Level-Domain-Endungen. fr – kaufen. Ein „Made in Germany" wirkt hier manchmal sogar kontraproduktiv, wie ein eigener AB-Test ergeben hat. Es gibt auf jeden Fall eine Menge zu tun für international agierende Growth Hacker.

### 3.2.2 Freemium vs. Free-Trial

Ich bin fast sicher, jedes Team hat schon einmal die Diskussion geführt, ob man eine kostenlose Version des Produktes anbieten sollte oder lieber nicht. Schafft man es durch eine kostenlose Version tatsächlich, deutlich mehr Sign-ups zu gewinnen? Werden diese Free-User auch im Nachgang tatsächlich zu zahlenden Kunden? Sollte man lieber den Umsatz schon von Beginn an mitnehmen? Wie so häufig können diese Fragen nur durch Ausprobieren wirklich valide beantwortet werden.

Hat man sich endlich für das Angebot einer kostenlosen Version entschieden, steht auch schon die nächste Entscheidung ins Haus. Was bieten wir an? Eine

Vollversion des Produktes auf eine bestimmte Zeit begrenzt (Free-Trial) oder doch eine auf ewig verfügbare, an Funktionalitäten limitierte Version (Freemium) des Produktes? Beides sind beliebte Varianten, die den User möglichst einfach vom Produkt überzeugen sollen, um dann später „zuzuschlagen". Probefahrten beim Autokauf oder die Wurst- oder Käsespießchen im Supermarkt sind bekannte Alltagsbeispiele für „Erst probieren, dann bezahlen".

Ängste der Anbieter gibt es wiederum bei beiden Varianten. Bei einem Free-Trial besteht die Gefahr, dass User sich immer wieder mit anderen E-Mail-Adressen anmelden und so ihre Laufzeiten künstlich verlängern. Oder der Testzeitraum wird zu kurz gewählt, sodass der User gar nicht die Möglichkeit hatte, sich vom Nutzen des Produktes wirklich zu überzeugen. Bei einem Freemium-Modell besteht immer die Gefahr, dass die User mit dem angebotenen kostenlosen Feature-Set völlig ausreichend bedient sind und sich somit niemals zu einem kostenpflichtigen Upgrade genötigt fühlen.

Was ganz klar ist, Menschen lieben alles, was kostenlos angeboten wird. Betrachtet man zudem noch die Konkurrenzsituation und findet einen der schärfsten Konkurrenten auf dem Markt mit einer kostenlosen Version, wird es meistens schlagartig hektisch. Eine sehr einfache Regel ist in der Szene hinreichend bekannt: „Never compete with free." Die eigene Sales-Abteilung wird ihren Unmut über diesen enormen „Nachteil" auf dem Markt in der Regel schon kundtun. Man muss reagieren. Am einfachsten ist es, einfach mitzuziehen. Denn kein Incentive-Feature oder kein Gutscheincode für den noch zweifelnden Kunden auf dieser Welt kann heute gegen einen kostenlosen und somit einfachen Einstieg in das Produkt bestehen. Keine Chance, so zumindest mein Erfahrungswert.

Egal, für welche Variante man sich entscheidet, letztendlich hilft nur, das ausgewählte Modell in der eigenen Marktsituation auszuprobieren und entsprechend immer wieder nachzubessern.

Ein paar Möglichkeiten, wie man eine Free-Trial-Version immer weiter optimieren kann:

- Wie lange sollte die Testlaufzeit bestenfalls dauern? Nicht zu kurz, sodass der User keine Chance hat, das Produkt auch wirklich zu testen. Aber auch nicht zu lange, dass der Druck auf ein Upgrade möglicherweise nicht mehr besteht.
- Sieht man, dass ein User das Produkt nach Ablauf der offiziellen Testzeit noch gar nicht genutzt hat, kann man die Gelegenheit nutzen und ihm eine kostenlose Verlängerung anbieten. So kann man sich ihm nochmals positiv ins Gedächtnis rufen.
- Man muss alles tun, zum Beispiel durch geschickte Trigger-Mails oder Push-Notifications, den User zur Produktnutzung zu bewegen.
- Auch wenn die Buchhaltungsabteilung immer wieder betont, dass man die Zahlungsdaten schon möglichst am Anfang bei der Registrierung einholen

sollte, wird dies garantiert zulasten der Konversion im Sign-up-Prozess gehen. Niemand gibt gern seine Kreditkartendaten ein. Erst recht nicht, wenn er sie gerade nicht zur Hand hat und eigentlich auch nur mal reinschnuppern wollte.

Klingt aufwendig, aber es lohnt sich tatsächlich, diese Fragen sehr bewusst zu beantworten.

> **Tipp** Große Anbieter von Software-as-a-Service-Tools wie Dropbox, Evernote oder der iOS-Appstore haben mittlerweile sehr einfache Upgrading-Prozesse, sehr klare Upgrade-Argumentationen und vor allem sehr gute und technische Umsetzungen. Da kann man sich durchaus mal was abschauen (vgl. Abb. 3.2 Upgrade-Prozess Evernote).

### 3.2.3 Free oder Paid first?

Aber wie geht man im Unternehmen mit dem „Free"-Produkt um? Bewirbt man nur noch dieses und geht möglicherweise damit das Risiko ein, auf direkte Umsätze zu verzichten? Das macht keine Geschäftsführung mit.

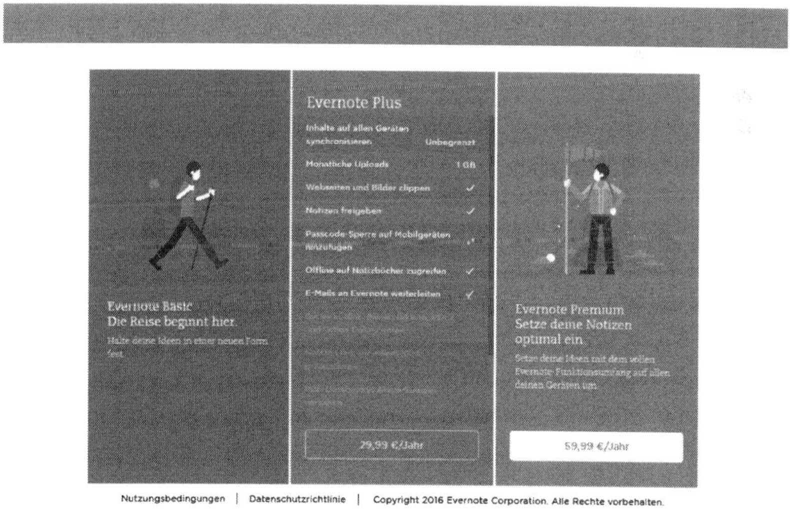


**Abb. 3.2** Upgrade-Prozess Evernote – Screenshot

**Beispiel**

Ein Beispiel aus der Praxis: Es wurde eine Free-Variante implementiert, die es zu vermarkten gilt. Wie stimmt man die Marketing-Kanäle bestmöglich aufeinander ab? Abteilungsübergreifend ist das eine echte Herausforderung, leider. Einmal angenommen, es existiert ein gut laufendes Inhouse-Callcenter, das bislang ausschließlich auf die Akquise von Paid-Usern abzielte. Das Schöne an der Callcenter-Akquise ist zumindest bei beratungsintensiven Produkten, dass durch die zusätzliche Beratung am Telefon in der Regel höhere Warenkörbe abgeschlossen werden als im Performance-Marketing über die Website. Mitarbeitergehälter, Zielvereinbarungen, Gesprächsleitfäden, Nutzenargumentationen etc. sind zudem genau auf das Paid-Produkt abgestimmt und funktionieren auch so weit.

Nach dem erfolgreichen Rollout der neuen Free-Variante stehen nun die Sales-Mitarbeiter vor dem Problem, dass eine Vielzahl ihrer Kunden sich dann doch erst mal für die Free-Variante entscheiden statt direkt für die Paid-Variante. Dies ist natürlich für die Sales-Kollegen ein bescheidener Effekt, da sie ihren Umsatz nicht direkt verbuchen können. Zumindest ist das so lange für die Sales-Mitarbeiter von Nachteil, wie ihre Zielvereinbarungen und Gehälter nicht entsprechend angepasst werden. Dies stellt häufig ein Problem dar, da Unternehmen nicht auf den direkten Umsatz und die höheren Warenkörbe verzichten möchten. Aber was tun? Wieder einmal ist Geduld gefragt. Ein paar Optionen gibt es aber:

- Sales-Mitarbeiter sind umfassend für den Kunden verantwortlich, sodass sie den User kostenlos reinholen können und somit später dann auch verantwortlich sind, ihn upzugraden.
- Sales-Mitarbeiter erhalten zusätzlich eine Incentivierung für jeden gewonnenen Free-User. Diese kann man dann unter Sales-Marketing-Kosten verbuchen, ähnlich wie Performance-Marketing-Kosten.
- Es wird ausschließlich eine Free-Variante über die Website angeboten. So gibt es gar keine Diskussion, ob ein Kunde mit Free oder Paid einsteigen soll. Hier verzichtet man jedoch auf den garantierten Direkt-Umsatz.
- Man kann einen oder eine Gruppe von Sales-Mitarbeitern zu Free-Spezialisten ausbilden und andere sich weiter auf die Paid-Produkte spezialisieren lassen.

Die gleichen Diskussionen wie im klassischen Tele-Sales-Channel gibt es natürlich auch im Performance-Marketing. Bewirbt man nun in den Search-

Channels (SEO, SEM) und im E-Mail-Marketing bedingungslos die Free-Variante oder wie gehabt nur das Paid-Produkt? Paid-Kunden spielen direkt Geld in die Kasse, Free-Varianten erhöhen hingegen die Konversionsrate der Website um ein Vielfaches.

Geduld haben und testen. Es hat noch niemand behauptet, dass das Finden des Product-Market-Fits einfach ist, oder?

### 3.2.4 Authentizität verkauft

Täglich lesen wir die besten Growth Hacking Blogs und versuchen, die geheimsten Strategien auch in unseren eigenen Projekten umzusetzen. Täglich schauen wir bei den Wettbewerbern und kopieren, was uns gefällt – das ist richtig, da man das Rad nicht immer neu erfinden muss.

Ein wirklich wichtiger Growth Hack ist meines Erachtens, dass man dennoch immer darauf achten sollte, „authentisch" und vor allem auch einzigartig zu sein. Wenn ihr nicht mit eurem persönlichen Namen hinter dem Produkt stehen möchtet, dann ist das in der Regel schon ein bisschen befremdlich. Ich hatte früher auch ein paar SEO-Affiliate-Projekte, die ich nicht so gern an die große Glocke gehängt habe, da sie mir ein bisschen peinlich waren. Das würde ich heute nicht mehr machen, ehrlich gesagt.

Authentizität muss allerdings nicht immer so offensichtlich sein wie bei den Zahnbürsten von Dr. Best oder der Babynahrung von Hipp. Aber „echt sein" verkauft und das ist auch gut so.

**Tipp** Ihr habt ein Kontaktformular oder eine Service-Telefonnummer auf der Website? Na klar. Aber bitte nutzt keine Callcenter-Stock-Fotos, die wirklich jede Website auch eingebaut hat. Bei jemand Beliebigen möchte niemand anrufen (vgl. Abb. 3.3 Stockfotos).

**Tipp** Das Gleiche gilt für den Absendernamen und die Absender-Adresse eurer Newsletter-Kampagnen. Ein echter Name wirkt Wunder, zumindest wenn er auch irgendwie nett und positiv klingt. Sarah Sommerfeld kommt da ganz sicher besser an als Gertrude Grummelich. Außerdem füllt bitte die „no-reply@"-E-Mail-Adressen mit einer echten E-Mail-Adresse, damit die Kunden direkt auf jede Antwort antworten können. So erhaltet ihr schnelles Feedback, statt den Kunden ins Leere zu schicken.

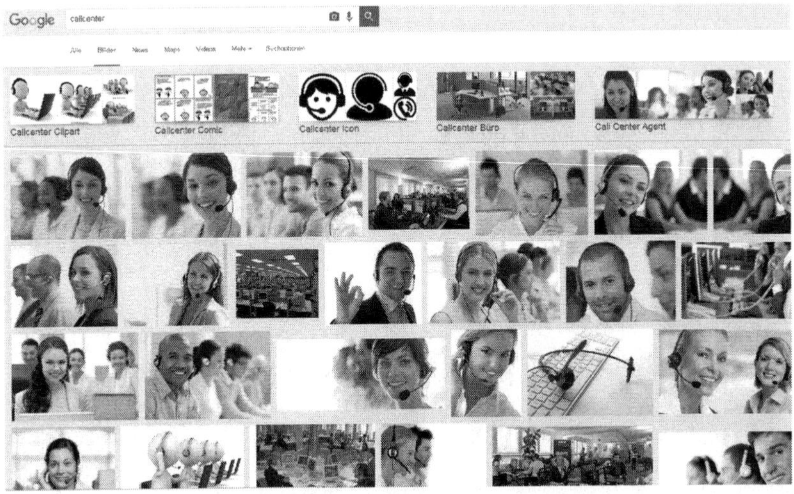


**Abb. 3.3** Stockfotos, die jede Website auf der Kontaktseite verwendet

## Literatur

1. Ellis, Sean. http://www.startup-marketing.com/the-startup-pyramid/. Zugegriffen: 1. Okt. 2016.
2. How helpful is live chat. http://www.emarketer.com/Article/How-Helpful-Live-Chat/1007235. Zugegriffen: 8. Okt. 2016.

# 4 AB-Testing

Es gibt Start-ups und bestimmt auch ein paar Unternehmen, die das folgende Prinzip in ihren Entwicklungsteams etabliert haben: „Es kommt nichts auf die Website, was nicht getestet wurde." Dies scheint für viele auf den ersten Blick zuerst ein bisschen übertrieben. Die Realität sieht aber anders aus. Wie oft muss man innerhalb des Teams oder mit dem Management über die Firmenwebsite diskutieren? „Das ist nicht schön. Das funktioniert doch so nicht. Wieso machen wir das nicht einfach genau wie die Website XYZ? …"

Diese Diskussionen sind genauso alt wie das Internet selbst. Und hat ein Team endlich eine Entscheidung zur neuen Headline oder zur Navigation gefunden, so sieht das Management das mit Sicherheit komplett anders und es geht wieder von vorn los. Um diese Problematik zu umgehen, ist das Prinzip „Wir AB-testen einfach alles" eine gute Idee. Denn zumindest werden somit nur Entscheidungen anhand der User-Reaktionen getroffen und nicht nur aus dem Bauchgefühl heraus. Ganz simpel: 50 % der Besucher einer Website wird die Variante A mit der Headline „Vertrauen ist gut, Kontrolle ist besser" angezeigt. Den anderen 50 % wird die Variante B mit der Headline „Kontrolle ist gut, Vertrauen ist besser" angezeigt. Natürlich kann man sich im Nachhinein aus Image- oder sonstigen Gründen immer noch gegen die Ergebnisse des AB-Tests entscheiden, jedoch fällt dies dann doch schon deutlich schwerer.

AB-Testing kosten viel Zeit, richtig. Allerdings spart man durch AB-Testings letztendlich wiederum auch jede Menge Zeit und Frust, da man sich die Diskussionen über die verschiedenen Bauchgefühle sparen kann. Im Optimalfall gewinnt sogar noch ein spielerisches Element, durch das sich die Product-Teams gegenseitig immer weiter zur Optimierung pushen, um auch wirklich die letzten Optimierungspunkte zu finden. Im besten Fall kämpfen die Teams untereinander, welches Team im nächsten Sprint mit seinem AB-Test mehr Optimierungsprozente herausholen


H. Lennarz, *Growth Hacking mit Strategie*,
DOI 10.1007/978-3-658-16231-3_4

**Abb. 4.1** Screenshot Startseite billiger-mietwagen.de

kann. Ist dies der Fall, kann man sicher sein, dass die eigene Growth Hacking Umgebung auf einem guten Weg ist.

**Beispiel AB-Testing-„Frust"**

Mein Lieblingsbeispiel ist dabei das des Online-Mietwagen-Vermittlers Billiger-mietwagen.de [1] vgl. Abb. 4.1 Screenshot Startseite). Ein Mitarbeiter erzählte mir, dass die Startseite schon seit Jahren nicht von dem veralteten weißen BMW Z3 befreit werden konnte. Trotz Hunderter AB-Tests hat es bislang noch keine Hintergrundgrafik geschafft, eine bessere Konversionsrate aufzuweisen als eben diese eine Grafik. Grafiken mit anderen Cabrios, neuen Sportwagen, hübschen SUVs oder Oldtimern – wirklich keine einzige.

Ein tolles Beispiel für „Customer Centric Development", denn gerade das Thema Autos ist doch subjektiv und individuell besetzt. Da könnte der CEO auch schnell auf die Idee kommen, unterbewusst seine Autovorlieben auf der Startseite positionieren zu wollen. Sein Autogeschmack entspricht jedoch mit relativ hoher Wahrscheinlichkeit nicht dem der anderen Tausend User.

Natürlich kommen die meisten Besucher nicht nur über die Startseite, sodass die Unterseiten wie Kategorie- oder Produktdetailseiten zumindest in Online-Shops einen Großteil des Umsatzes einspülen. Demnach sollte man vor allem für die umsatzstärksten Websites und Landingpages einen validen AB-Testing-Prozess etablieren. Richtig durchgeführt, zahlt sich dieser relativ schnell positiv auf den Umsatz aus.

## 4.1 Was ist das Ziel der Website?

Das Wichtigste beim AB-Testing ist, dass man das wahre Ziel der Website oder der Landingpage niemals aus den Augen verliert. Fragen, wie „Was wollen wir mit genau dieser einen Webseite erreichen?" oder „Was soll der User als Nächstes tun?" gilt es, ständig im Entwicklungsprozess zu stellen.

Eine Website kann heute ganz unterschiedliche Ziele verfolgen (vgl. Abb. 4.2 Google-Analytics-Zielkonfiguration):

- Verkäufe
- Kostenlose Sign-ups
- Kostenpflichtige Sign-ups
- Newsletter-Sign-ups
- Kontaktformular abschicken
- Livechat starten
- Weiterführende Klicks
- Social Likes
- Videos bis zum Ende anschauen

Wichtig ist, dass für jeden neuen AB-Test das Ziel immer wieder sehr klar formuliert wird, damit die Testergebnisse möglichst klar und valide sind. Ansonsten entstehen weitere Diskussionen. Konversionsoptimierer sprechen dann gern von der Test-Annahme bzw. These. „Wir ändern die Headline der Startseite, weil wir glauben, dass eine persönlichere Ansprache in der Headline bis zu 10 % mehr direkte Click-Throughs auf die Produktdetailseiten bringt." So könnte ein Beispiel einer These für einen AB-Test aussehen. Oder: „Wir integrieren ein Trustbadge, das ein „Sehr gut" und die 1222 Bewertungen anzeigt, auf der Warenkorb-Seite, um damit die Konversionsrate um bis zu 5 % zu erhöhen."

## 4.2 Nur eine Variante pro Seite testen

Ab-Testing muss man lernen. Starten sollte man immer erst mal mit einer einzigen Änderung pro Website. Valides AB-Testen ist schon kompliziert und schwierig genug. Oftmals scheitern AB-Tests an fehlender statistischer Relevanz, da nicht genug Traffic auf die Website geschubst werden konnte. Das ist gefährlich,

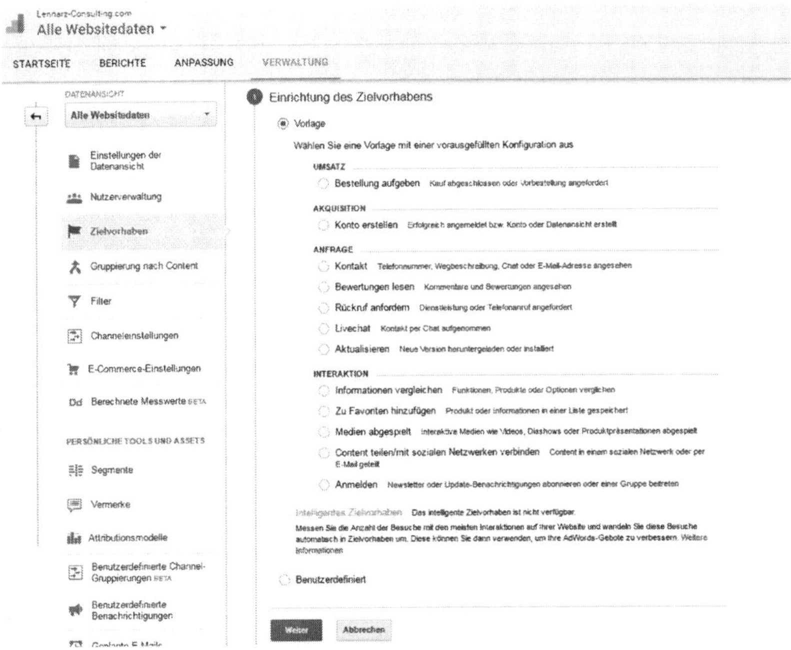


**Abb. 4.2** Google-Analytics-Zielkonfiguration

da das Ergebnis dann nicht zu 100 % aussagekräftig ist, sondern wieder nur ein Ergebnis für das Bauchgefühl. Bevor man mit Profizeugs wie multivariatem Testing beginnt, sollte man sich darum kümmern, valide AB-Testing-Ergebnisse zu erhalten. Denn führt man mehr als eine einzige Änderung pro Website auf einmal durch, dann kann anschließend bei der Auswertung der Ergebnisse die wahre Ursache schnell verwässert werden. Das ist wirklich nur etwas für Profis.

**Was hat was bewirkt?**

Wir ändern auf der Produktdetailseite das Produktbild, den Preis und die Position des Bestellbuttons gleichzeitig. Super Sache, nur einmal Arbeit und alles ist optimiert. Das Ergebnis ist tatsächlich deutlich besser geworden, da 3 % der User das Produkt häufiger in den Warenkorb legen und auch anschließend kaufen. Was hat jetzt aber den Unterschied bewirkt? Das neue Produktbild, der Preis oder vielleicht doch die neue Position des Bestellbuttons? Man könnte auch sagen, dass es egal ist, Hauptsache man hat eine Konversionssteigerung erzielt, richtig. Gelernt hat man dann allerdings aus diesem AB-Tests nur wenig.

Deswegen bevorzuge ich viele schlanke AB-Tests nacheinander, allerdings auf trafficstarken Seiten, damit die Ergebnisse innerhalb von ein bis zwei Tagen vorliegen.

## 4.3 AB-Test-Ergebnisse sind nicht kopierbar

AB-Testing-Ergebnisse eines Experiments können leider niemals eins zu eins auf andere Projekte übertragen werden. Zu unterschiedlich sind die Zielgruppen und Situationen, in denen sich die angesprochenen User gerade in diesem Moment befinden. Deswegen sollten Ergebnisse, die man schon einmal selbst ermittelt hat oder die man in Blogs als Best Practices vorfindet, immer nur als Ideen aufgenommen werden, um sich dann selbst von deren Validität im eigenen System zu überzeugen. Neue Ideen sind wiederum ein sehr wichtiger Punkt, denn bei vielen Websites kommen Teams oftmals schnell an den Punkt, dass ihnen keine wirklich größeren AB-Testing-Experimente einfallen.

## 4.4 Mit den „großen" Dingen beginnen

Du hattest schon immer eine einschlägige Meinung zu einem speziellen Element auf eurer Website, hast es aber nie geschafft, diese einzubringen? Manche mögen sogar sagen, sie hätten sich nicht getraut oder man hat es ihnen nicht erlaubt. Genau mit dieser Idee sollte man jetzt im Idealfall sofort zu testen beginnen. Hat man die Erlaubnis zur bedingungslosen Optimierung der Konversionsraten, dann gibt es keine Ausreden mehr. Die validen Zahlen werden siegen und eurer Idee hoffentlich recht geben.

Wichtig ist jedoch, dass sich der Aufwand des Testens auch lohnt. Beginnt ihr damit, die Buttonfarbe eurer Call-To-Action zu testen, weil euch nichts Besseres einfällt, dann kann ich euch auch nicht mehr helfen. Man kann sich nicht vorstellen, wie wenig kreativ Teams teilweise beim Finden der nächsten guten AB-Testing-Ideen sind. Irgendwie kommt immer wieder die gleiche Idee, die Farben der CTAs auszutauschen. Dabei ist das in 80 % der Landingpages garantiert nicht das eine Element, welches am meisten Einfluss auf die Zielerreichung der Website hat. Headlines, Bilder, Nutzenargumentationen, Preise, Zahlungsprozesse oder Formularoptimierungen sind immer zu verbessern und haben garantiert Einfluss auf die Konversionsrate.

Mithilfe der Konversionstrichter, welche in den Webtracking-Tools wie Google Analytics enthalten sind, kann man gut herausfinden, an welchen Stellen der Optimierungsbedarf am größten ist (vgl. Abb. 4.3 Google-Analytics-Konversionstrichter). Auf welcher Seite sind die Absprungraten der User am höchsten? Warum genau ist das so? Was kann man tun, um dies zu verhindern? Genau damit sollte man beginnen. Das kann durchaus riesigen Spaß machen und hat im besten Fall einen enorm positiven Einfluss auf Growth. Die valide Umsetzung von AB-Testings darf heute nicht mehr die Herausforderung sein, sondern vielmehr die Ideenfindung, was wirklich sinnvolle AB-Tests sein könnten. Das ICE-Modell [2] (Impact, Confidence, Ease) kann bei der Auswahl der richtigen AB-Tests helfen. Es ordnet alle Testing-Ideen in eine Balanced Scorecard ein, sodass sich anhand der Kriterien Einfluss, Wahrscheinlichkeit und Einfachheit der Umsetzung eine Punkteskala ergibt. Dieses Modell ist hilfreich bei der Priorisierung im Team. Manchmal fördert es ein paar Überraschungen zutage.

## 4.5 AB-Testing-Tools

Welches AB-Testing-Tool sollte man nutzen? Das ist nicht entscheidend, Hauptsache man legt sofort los, statt sich mit langen Überlegungen auseinanderzusetzen, welches Tool denn jetzt das richtige sein könnte. Es gibt viele kostenlose

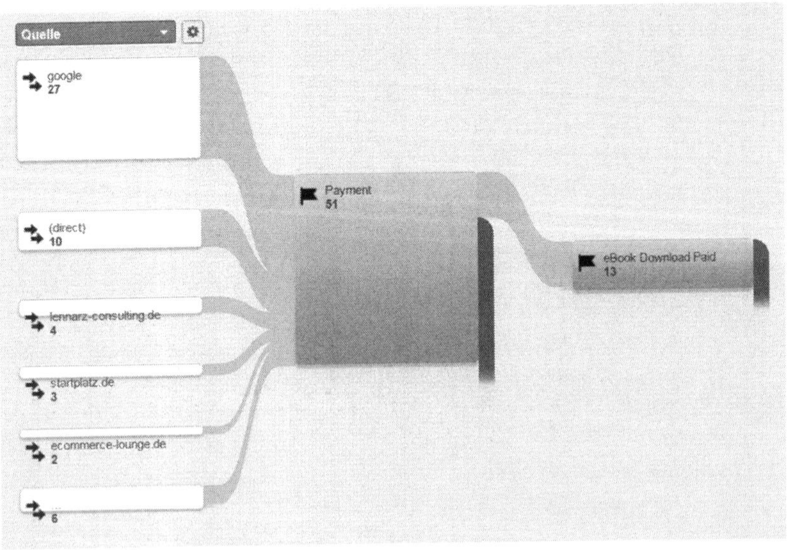


**Abb. 4.3** Google-Analytics-Konversionstrichter

Testversionen auf dem Markt, mit denen man einfach die ersten AB-Tests auf einer Website starten kann.

Natürlich ist das „einfach loslegen“ in Start-ups deutlich einfacher als in großen Unternehmen. Aber auch in Unternehmen muss es trotz aller rechtlichen Rahmenbedingungen möglich sein, ein AB-Testing-Tool zu testen. Eventuell geschieht dies bei einem Nebenprojekt unter dem Radar oder auf einer kleinen Landingpage mit ausreichend Traffic, aber keinem sonderlichen Gewicht.

AB-Tests muss man heute auch nicht mehr selbst programmieren. Auch wenn diese Idee immer wieder mal in technisch starken Teams aufkommen kann. Die Aussage „An dieser Stelle im Code kann man kein Tool integrieren“ habe ich auch schon zu oft gehört. Meistens stellte sich heraus, dass es doch irgendwie möglich war.

## 4.6 AB-Testing als Ausrede

In großen Unternehmen muss man nicht alles AB-testen. In der Regel hat man viel Erfahrung mit dem Produkt und kennt demnach die Zielgruppe außerordentlich gut. AB-Testing-Profis neigen jedoch oftmals dazu, AB-Tests als eine Ausrede zu verwenden, um sich nicht entscheiden zu müssen – Beobachtung, die ich schon häufiger gemacht habe.

Die richtige Pricing-Strategie für das Produkt ist diesbezüglich ein sehr gutes Beispiel. Eine stabile und valide Preisstrategie zu haben, die sich am Kunden, dem Markt und der Konkurrenz orientiert, ist ratsam. Am Pricing auf der Website täglich die verrücktesten Tests zu fahren, ist gefährlich, da die User das natürlich irgendwann mitbekommen könnten. Vor allem wird die Auswirkung solcher Änderungen auf die Bestandskunden oftmals vergessen. „Warum zahlen Neukunden weniger als ich?“, hat sicher schon so mancher seinem Handytarif-Provider-Callcenteragent ins Ohr geschrien.

## Literatur

1. http://www-billiger-mietwagen.de. Zugegriffen: 7. Okt. 2016.
2. Meresman, Jason. 2015. https://growthhackershelp.zendesk.com/hc/en-us/articles/212386217-Selecting-an-ICE-score. Zugegriffen: 8. Okt. 2016.

# Growth by Engineering

# 5

## 5.1 Das Produkt als Marketing-Channel

Es ist an der Zeit, über die Marketing-Channels zu sprechen. Nein, wir sprechen über die richtigen Marketing-Channels, die im allseits bekannten Marketing-Mix für den Zweck „User Growth" am besten funktionieren. Ein Channel funktioniert dabei genau dann sehr gut, wenn er möglichst viele (aktive) User zu einem möglichst geringen Preis gewinnen kann. So einfach ist das, zumindest in der Theorie.

### 5.1.1 Die richtige Position finden

Entscheidend ist, die richtige Position für die richtige Botschaft zu finden. Erfahrungsgemäß ist die richtige Position genau dort, wo der Nutzer sich gerade mit genau dem dargestellten Problem beschäftigt.

**Drei Beispiele zur Positionierung eines Growth Hacks**

Erinnert euch bitte an den ersten Growth Hack von Hotmail, der die Masse der bereits bestehenden User-Basis für das Platzieren einer perfekten Werbe botschaft innerhalb der versendeten E-Mails ausgenutzt hat. Ein E-Mail-Tool innerhalb von E-Mails zu bewerben, macht Sinn, oder? Ein riesiges Plakat am Straßenrand wäre wahrscheinlich kein Growth Hack geworden.

Nächstes Beispiel, Google Adwords: Jemand gibt eine Frage bei Google ein oder sucht nach einem speziellen Produkt. Die organischen Google-Suchergebnisse werden angezeigt. Super Sache. Wie schlau war es, passend zum Suchwort auch bezahlte Werbebotschaften anzuzeigen? Offensichtlich sehr schlau, wenn man sich die Google-Adwords-Umsätze mal genauer anschaut.


H. Lennarz, *Growth Hacking mit Strategie*,
DOI 10.1007/978-3-658-16231-3_5

Hotmail hätte Google Adwords wiederum als Growth Hack wahrscheinlich auch nicht geholfen, da es damals noch nicht genügend Menschen gab, die nach „Freemailer“ oder „Outlook Express Alternative“ gegoogelt haben.

Ein eigenes Beispiel: Die Trusted Shops Mobile App für die Verwaltung der eigenen Shop-Bewertungen. Wo könnte man diese App besser bewerben als in der E-Mail, die ein Shop-Betreiber heute schon automatisch erhält, sobald er eine neue Kundenbewertung eingesammelt hat? Die App verbessert das Produkt in dem Punkt „Jetzt umgehend informieren lassen und sofort per Mobile App auf die Bewertung reagieren“ – der mit Abstand beste Marketing-Channel, den wir für diese Mobile App bislang gefunden haben. Besser als zahlreiche Newsletter an die Bestandskunden oder der beliebte App-Banner im Kopf der mobilen Trusted Shops Website.

Es lohnt sich demnach, immer genau zu überlegen, an welcher Stelle im eigenen System man die User am besten erreichen könnte. Push-Notifications im User-Backend sind dabei natürlich mittlerweile auch sehr beliebt und stellen technisch auch keine allzu große Herausforderung mehr dar. Wichtig ist nur, dass in den eigenen Systemen genügend User angesprochen werden können, denn sonst bringt dies natürlich nichts. Wenn sich nur 3 % der User im Backend einloggen, dann lohnt sich der Programmieraufwand möglicherweise nicht. Mein Product-Owner-Kollege Marco Verch meinte dazu einmal:

> Bringt ja auch nichts, die superhübschen Flyer-Verteiler in der hintersten Ecke der DMEXCO in Köln zu platzieren statt mitten drin im Geschehen.

Ein bekanntes und oft erwähntes Feature der gleichen Art ist das von Amazon damals initiierte Cross-Selling. „Kunden, die diesen Artikel gekauft haben, kauften auch noch dieses Zubehör dazu“ oder „Wird oft zusammen gekauft“. Dies alles sind Möglichkeiten, mit den richtigen Programmier-Hacks den bereits bestehenden Traffic optimal auszunutzen.

### 5.1.2 Keine Werbung

Die Art und Weise, wie man sein Feature innerhalb des eigenen Produkts bewirbt, gilt als eine weitere Herausforderung. Hotmail hat es wieder vorgemacht. Die richtige „smarte“ Message an der richtigen Stelle kann wahre Wunder vollbringen.

Im Fall Hotmail wäre sicherlich ein AB-Test interessant gewesen. Eine Variante A „PS. I Love You: Get your free Hotmail Account“ gegen die Variante B

„PS. I Love You". Die Klickrate wäre bei Variante B sicher gestiegen, ist zu vermuten. Allerdings hätten sehr viele Leute mit den falschen Erwartungen auf den Link geklickt und hätten deswegen dann auf der Landingpage wahrscheinlich nicht konvertiert. Wer weiß das schon. Ohne AB-Testing ist man eben im Blindflug unterwegs.

Man sieht, dass es nicht unbedingt auf die Größe eines Werbebanners ankommt, um eine clevere Botschaft zu platzieren. Ein einziges Störer-Element, welches die Aufmerksamkeit der User auf sich zieht, um die Message sichtbarer zu machen, ist oft schon ausreichend. Große und oftmals auch noch mehrere verschiedene Werbebanner für eigene Produkte findet man leider immer wieder in User-Backends. Diese wirken auf die User jedoch meist zu plump, zumal viele User mittlerweile Opfer der „Banner-Blindheit" geworden sind. Der richtige „old-school" HTML-Link mit dem richtigen Linktext an der richtigen Stelle funktioniert in der Regel deutlich besser, auch mobil.

### 5.1.3 Produktbundling

Start-ups haben oftmals nur ein einziges Produkt in ihrem Portfolio. Größere Unternehmen haben jedoch häufig Produkte, die parallel angeboten werden. Die Zielgruppe ist allerdings meist exakt die gleiche. Demnach wird in dem User-Workflow des einen Produktes alles getan, damit genau dieses eine Produkt höhere und bessere User-Zahlen bekommt. Genauso geschieht dies jeweils für die anderen Produkte im Portfolio. Jedoch kann es sich lohnen, die User-Workflows der einzelnen Produkte sich irgendwo kreuzen zu lassen. So lassen sich die User-Zahlen der beiden Produkte im Optimalfall gegenseitig erhöhen.

Konkret: Wir haben zwei Produkte im Produktportfolio, die sich für den User gegenseitig ergänzen können. Produkt A ist ein eigenständiges CRM-System, Produkt B ein eigenständiges Buchhaltungs-Tool. Die User können sich für jedes der Systeme auf einer separaten Landingpage oder vielleicht sogar Domain anmelden.

Darüber hinaus könnte man jedoch auch auf beiden Landingpages jeweils ein Bundle-Paket anbieten, welches die „bewährte" Kombination der beiden Tools beinhaltet. Optimalerweise sogar für die User noch mit einem Rabatt schmackhaft gemacht.

So erreicht man bestenfalls mit dem gleichen Marketing-Aufwand neue User für beide Tools. Funktioniert dies tatsächlich, empfiehlt es sich, im Nachgang mit einigen Usern zu sprechen, um herauszufinden, ob ihre ursprünglichen Erwartungen auch tatsächlich erfüllt und nicht durch den Bundling-Effekt vielleicht verwässert wurden.

Die alte Sales-Regel „Nichts versprechen, was man nicht halten kann“ gilt natürlich auch beim Bundling der Produkte. Das gilt meiner Meinung nach übrigens auch für „Kleingedrucktes“ oder „absichtlich verkomplizierte Texte“. Diese findet man häufig bei SaaS-Modellen bezüglich Vertragslaufzeiten, Preisen oder Widerrufsrechten. Für den Aufbau einer langfristigen Kundenbeziehung sind derartige Verschleierungstaktiken meines Erachtens nicht zu empfehlen.

### 5.1.4 Empfehlungen und Bewertungen

Auch Referal–oder Bewertungs-Buttons lassen sich an der falschen Stelle platzieren. Warum sollte ich einen Blogpost auf Twitter teilen, wenn ich ihn noch nicht gelesen habe? Im Zuge dessen habe ich mich schon immer gefragt, warum so viele Blogs die Social-Sharing-Buttons direkt am Anfang des Blogposts über dem Titel platzieren statt am Ende.

Genauso fehlt nur allzu oft die Incentivierung, warum ich den Beitrag teilen sollte. Oftmals reicht es schon zu sehen, dass es auch schon 119 andere Leser vor mir getan haben – wirklich guter Social Proof, also ein Beweis, dass es wirklich ein beliebter Service oder ein sehr gut Blogpost zu sein scheint.

Aber wie komme ich am besten an die berühmten Referals oder Sternchen-Bewertungen für meine App? Vor einiger Zeit noch downloadete man sich eine App aus dem iOS Appstore und bekam schon direkt beim ersten Start der App ein Pop-up um die Ohren geschmettert, welches um die Abgabe einer Bewertung bettelte – weniger gelungen. Fast genauso schlimm ist, dass Online-Shops den Link zur Abgabe einer Bewertung so weit unten auf der Website verstecken, dass kein User der Welt ihn finden wird. Beide Beispiele führen nicht zum Ziel „Mehr und bessere Bewertungen einzusammeln“.

Vielmehr geht es darum, den richtigen Moment zur Abgabe einer Empfehlung abzupassen. Zum Beispiel, wenn der User einen bestimmten Meilenstein in der Produktnutzung gerade erreichen konnte. Bei einem Bewertungstool wie dem von Trusted Shops könnte dies der Eingang der fünften Kundenbewertung sein. Das Tool beginnt ab diesem Zeitpunkt, wirklich nützlich zu werden, sodass der User auch ein bisschen erfolgreicher wird. Ein perfekter Zeitpunkt, um auch um eine Empfehlung an Freunde oder Kollegen zu bitten, oder?

Incentivierungen bei Apps sind heute ebenfalls hilfreich und demnach sehr beliebt. Lade fünf Freunde ein und erhalte fünf Extrapunkte, eine Zehn-Euro-Gutschrift oder das SuperProfi-Badge. Hier sind der Kreativität keine Grenzen gesetzt. Wichtig ist, sich tatsächlich den richtigen Zeitpunkt zu überlegen, statt zu früh oder vielleicht sogar zu spät im Customer Lifecycle.

**Worauf muss man demnach bei der Bitte um Bewertungen achten? [1]**

- Nur User nach einer Bewertung fragen, bei denen man auch sicher sein kann, dass sie die App regelmäßig nutzen.
- Der Zeitpunkt für die Abgabe einer Bewertung ist optimal gewählt, wenn der User soeben eine positive User Experience mit der App hatte, zum Beispiel ein Level-Upgrade bei einem Online-Game oder ein erfolgreiches Match bei Tinder.
- Personalisierte Nachrichten funktionieren auch hier, genau wie beim E-Mail Marketing.
- Über welchen Channel und zu welcher Zeit User am ehesten Bewertungen abgeben, muss man testen.
- Man sollte nicht nur stumpf um eine Bewertung bitten, sondern versuchen, eine Art Konversation mit dem User zu starten, natürlich mit der Call-to-Action, eine Bewertung abzugeben.
- Alternative CTAs „Später bewerten" oder „Nein, danke" gehören zum guten Ton einer guten App – nicht vergessen.
- User mögen es gar nicht, wenn sie direkt nach dem Öffnen der App um eine Bewertung gebeten werden.
- Genauso wenig mögen User es, während einer Aktion unterbrochen zu werden.
- Man sollte auch nicht zu häufig um die Abgabe einer Bewertung bitten. Schließlich erhalten die User von viel zu vielen Apps entsprechende Nachrichten.
- Fragt man direkt nach einer „5-Sterne-Bewertung", statt die Bitte neutral zu formulieren, erhält man weniger und schlechtere Bewertungen [2].
- Apps und Webseiten ohne jegliche Bewertungen sind nicht besonders vertrauenswürdig. Aus diesem Grund sollte man schon frühzeitig mit dem Sammeln von Bewertungen beginnen.
- Apps sollten nicht vom Betreiber selbst bewertet werden. Es ist nicht besonders vertrauenswürdig, wenn im App Store der Name des App-Betreibers auch dem Namen des ersten Bewerters entspricht.

## 5.2 Business Development als Marketing-Channel

Wie verhält es sich mit der Dimension „Business Development" oder ein bisschen konkreter formuliert „strategischen Partnerschaften" als GrowthMarketing-Channel? Das ist eine schwierige Frage, die sich nicht pauschal beantworten lässt. Mein persönlicher Erfahrungswert ist jedoch, dass man die bestehenden und die potenziellen Partnerschaften den gleichen Growth-Metriken unterwerfen muss wie auch alle anderen Marketing-Channels.

Vor allem in Unternehmen ist es schnell passiert, dass man viel Aufwand in ein Projekt mit dem langjährigen Partner XY steckt, ohne dass dieses im Endeffekt tatsächlich einen positiven ROI auf Growth erwirtschaftet. Den Satz aus dem Management „Unterhalt Dich mal mit meinem Bekannten, dem CEO von der Firma XY, der hat da so eine Idee." kennen die meisten von euch, da bin ich mir sicher. Unterhalten kann man sich ja. Allerdings sollte man schnellstmöglich den Growth-Business-Case durchrechnen und entsprechend knüppelhart entscheiden, ob sich der Aufwand lohnen wird oder nicht. Denn Partnerschaften beziehungsweise Business-Development-Projekte sind immer wieder sehr aufwendig.

Bei Partnerschaften müssen beide Seiten einen Wert erhalten, so viel ist klar. Persönlich sind meine Lieblingspartnerschaften diejenigen, bei denen ein Partner mit einer großen Reichweite mein Produkt oder meine Serviceleistung in sein Angebot integriert. Er gewinnt somit ein zusätzliches Feature für seine Kunden, ohne es selbst entwickeln zu müssen. Mein Produkt wiederum gewinnt Reichweite und zusätzliche Sign-ups oder Downloads – die berühmte Win-Win-Situation.

Besonders interessant sind derartige Business Development Hacks, um neue Zielgruppen oder Märkte zu testen oder weiter zu erschließen. Optimalerweise lernt man sehr viel von den Erfahrungen des Partners, die er in den für euch ungewohnten Gefilden bereits gemacht hat.

Nochmals, man sollte allerdings schon bei der ersten Konzeption mit dem Partner über die tatsächliche Reichweite sprechen, ebenso über die Möglichkeiten des Marketings auf der Seite des Partners. Wenn der Partner das neue Feature nicht entsprechend in seinen Kanälen bewirbt, dann wird man an den hohen Erwartungen scheitern, garantiert.

Es geht um Growth-Marketing, also die richtigen Kampagnen, wie Appstore-Marketing, Landingpages, Blog- und Influencer-Marketing etc. Nach anfänglich vielen Ideen geht dem Projekt dann am Ende oftmals die Luft aus und es bleibt nur Folgendes übrig: „Wir senden das dann per Newsletter an unsere 250.000 Bestandskunden." Ihr müsst um die Marketing-Power des Partners kämpfen und ihm immer wieder vermitteln, warum es auch in seinem Interesse ist, für euch gemeinsam die Marketing-Maschine anzuheizen. Glaubt mir, es wird sonst nicht funktionieren, da die riesige Newsletter-Empfängerliste des Partners mindestens genauso verbrannt ist wie eure eigene. Und dafür sind Business-Development-Projekte innerhalb eines Growth-Teams zu aufwendig.

**Ein Beispiel eines Business Development Growth Hacks, der in der Szene gar nicht so vielen offensichtlich erscheint, obwohl wir ihn alle mitbekommen haben**

PayPal hat es damals geschafft, als Standard-Zahlungsmittel mit Käuferschutz in jede eBay-Auktion integriert zu werden. Stellt euch das mal vor. Das PayPal-Logo, das gestern noch niemand kannte, steht auf einmal direkt auf Augenhöhe neben dem VISA- oder Mastercard-Logo. Sichtbar für weltweit Millionen von Nutzern tagtäglich. Ein verdammt fetter Growth Hack für Paypal.

## Literatur

1. Kearl, Marie. 2016. http://growthhackerlove.com/blog/2016/10/08/essential-app-rating-campaign-dos-and-donts/. Zugegriffen: 8. Okt. 2016.
2. Bartolino, Ellen. 2016. http://cdn2.hubspot.net/hubfs/232559/The_Mobile_Marketers_Guide_To_App_Store_Ratings_and_Reviews.pdf?t=1470932755019. Zugegriffen: 8. Okt. 2016.

# 6 Customer Success Management

Gastbeitrag von Christian Berg, Director of Customer Experience Trusted Shops GmbH

## 6.1 Nicht glückliche, sondern erfolgreiche Kunden

Im Kapitel „Product-Market-Fit" erwähnt Hendrik, dass es letztlich darum geht die User mit dem Produkt zufriedenzustellen. Dem stimme ich nicht uneingeschränkt zu. Natürlich meinen wir im Prinzip das Gleiche. Jedoch möchte ich die Gelegenheit nutzen, um das allgemeine Bild des „zufriedenen Kunden" etwas zu präzisieren. Es geht darum, Kunden erfolgreicher zu machen, nicht nur zufriedener. In der Growth Hacking Szene spricht man dann von Customer Success Management (CSM).

In erster Linie richtet sich das Customer Success Management an Geschäftsmodelle, die wiederkehrende Umsätze generieren, hauptsächlich SaaS oder sonstige Abo-Modelle. Also Geschäftsmodelle, bei denen der Kunde in einem gewissen Turnus (z. B. monatlich oder jährlich) wiederkehrend für eine Leistung bezahlt. Das hat natürlich Einfluss auf die Zusammenarbeit zwischen Unternehmen und seinen Kunden. Dadurch, dass regelmäßig gezahlt wird, muss das Unternehmen den Nutzen des Produktes auch immer wieder neu bestätigen, sonst wird es für die User irgendwann unattraktiv. Man kann die Effekte leicht bei sich selbst beobachten. Wenn ich monatlich einen Mobilfunkvertrag zahle, erwarte ich dauerhaft einen entsprechenden Nutzen. Sollte durch eine Störung z. B. langfristig die Netzqualität oder die Bandbreite beeinträchtigt sein, kann das Unternehmen mich vielleicht kurzfristig durch ein finanzielles Entgegenkommen besänftigen. Kommt das mehrfach vor, ist der Weg zu einem anderen Anbieter für mich als Kunde nicht mehr weit.

Die Grundidee Customer Success Management ist sehr einfach und lässt sich aus dem Begriff bereits ableiten. Es geht nicht darum, dass der Kunde glücklich oder zufrieden ist. Vielmehr muss der Kunde mit dem Produkt oder der Leistung


H. Lennarz, *Growth Hacking mit Strategie*,
DOI 10.1007/978-3-658-16231-3_6

erfolgreich sein. Erfolg bedeutet in diesem Sinne, dass man die Erwartungen, die der Kunde an das Produkt stellt, zumindest erfüllt. Dies gelingt in der Regel nur, wenn man die gesamte Organisation darauf ausrichtet, dem Kunden den maximalen Nutzen des Produktes auch zu ermöglichen.

In einem professionalisierten und stark wachsenden Markt wie z. B. dem E-Commerce, in dem alleine in Deutschland das Umsatzvolumen im Jahr 2015 über 50 Mrd. EUR [1] betragen hat, kann man sich einer Sache sicher sein: Die Mitbewerber bemühen sich ebenfalls darum, die Kunden glücklich zu machen und zufriedenzustellen.

Zusammenfassend kann man festhalten, erfolgreiche Kunden kündigen nicht, zufriedene vielleicht schon. Sich wohlfühlen durch Kundenorientierung reicht nicht. Das Produkt muss die Ziele der Kunden unterstützen, zum Beispiel durch mehr Umsatz oder höhere Produktivität. Dann ist das Risiko für den Kunden, das Produkt durch das Angebot eines Mitbewerbers auszutauschen, deutlich zu hoch.

## 6.2 Kundenbindung als nachhaltiger Growth Hack

Der größte Feind des Customer Success Managers im SaaS-Umfeld ist die Kündigung. Diese wiederum hängt gleichzeitig mit dem besten Freund des Unternehmens zusammen, dem Neugeschäft. Denn die initialen Kosten zur Akquise neuer Kunden sind in der Regel sehr hoch. Wenn wir den Prozess zur Neukundengewinnung grob durchgehen, beginnen die Aktivitäten mit Marketingmaßnahmen zur Leadgenerierung (Content erstellen, Messen, Adwords, PR etc.), danach werden potenzielle Leads qualifiziert und der Verkaufsprozess gestartet. Es folgen mehrere Beratungsgespräche, Verhandlungsrunden und dann im besten Fall irgendwann der Abschluss des Vertrags. Das ist natürlich noch nicht alles. Es folgt der erste Eindruck des Neukunden mit dem Kundenservice und dem Produkt.

Hinter jeder dieser Aktivitäten stehen hohe Kosten für Marketing und Personal. Man braucht keine große Fantasie, um zu erkennen, dass die initialen Kosten bei einem SaaS-Modell, bei dem ein Kunde beispielsweise 100 EUR pro Monat zahlt, schnell die Einnahmen eines gesamten ersten Vertragsjahres verschlingen können. Das heißt also, wenn der Kunde aus diesem Beispiel innerhalb des ersten Vertragsjahres eine Kündigung ausspricht, dann ist das für das Unternehmen oft ein klares Verlustgeschäft. Im gleichen Verhältnis, wie die Effekte hier negative Auswirkungen haben, verhalten sie sich im umgekehrten Fall. Man profitiert als SaaS-Unternehmen enorm mit zunehmender Vertragsdauer der Kunden. Denn die Kosten für ein Software-Produkt skalieren, indem sie sich nur noch auf den reinen Betrieb reduzieren. Das ist bei SaaS-Modellen eine Besonderheit gegenüber anderen Geschäftsmodellen. Auch wenn die initialen Kosten für die Akquise von Neukunden relativ hoch sein können, betrachtet man als Gegenwert immer den Wert, den ein Kunde während seines gesamten Lebenszyklus für das Unternehmen bringt, den sogenannten Customer Lifetime Value. Übersteigt der durchschnittliche Customer Lifetime Value den Durchschnitt der initialen und Betriebskosten, erwirtschaftet das Unternehmen mit einem Kunden Gewinn (vgl. Abb. 6.1 Kundenbindung als nachhaltiger Growth Hack).

Dass Kundenbindung enorm wichtig ist, hat sich mittlerweile nicht nur in der Digitalszene herumgesprochen. Mir fällt nur immer wieder auf, dass die Eindeutigkeit der Effekte auf Umsatz und Profit unterschätzt wird.

Kundenloyalität spielt natürlich auch bei allen anderen Geschäftsmodellen eine entscheidende Rolle. Durch meine Tätigkeit als Director of Customer Experience bei Trusted Shops komme ich sehr viel persönlich mit Online-Händlern in Kontakt. Für Investoren, die sich bei Online-Shops beteiligen wollen, ist mittlerweile

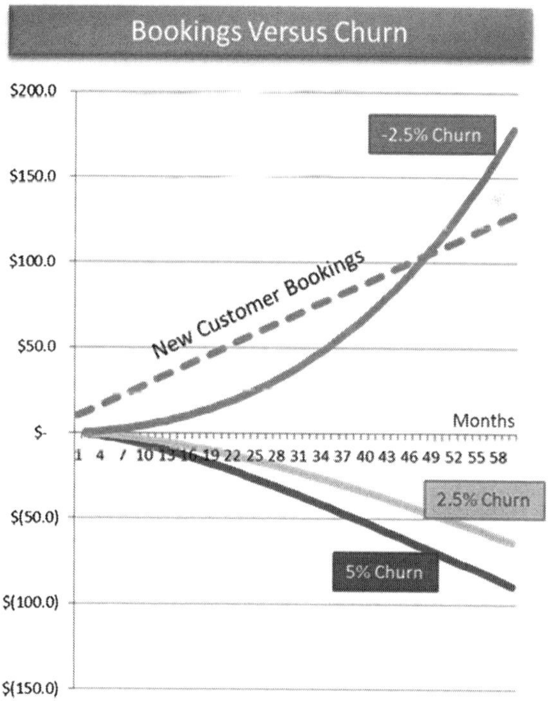


**Abb. 6.1** Kundenbindung als nachhaltiger Growth Hack [2]

die Entwicklung der Wiederkäuferrate zu einer der wichtigsten KPIs zur Bewertung des Unternehmens avanciert. Aus Sicht von Investoren ist das nur logisch. Jeder, der die Mechanismen des E-Commerce verstanden hat und reichlich Kapital mitbringt, kann sich immer wieder neue Kunden einkaufen. Wiederkäufer zeigen jedoch auf einfache Weise, dass das Business sich in den Köpfen der Kunden verankern konnte und damit in diesem hart umkämpften Business weniger austauschbar ist – ein enormer Wert.

## 6.3 Customer Success als Leitmotiv

Es gibt zwei Grundvoraussetzungen, die man als Unternehmen erfüllen muss, damit es überhaupt gelingen kann, Kunden erfolgreich zu machen:

1. Die Kunden müssen zunächst einmal das Produkt kontinuierlich benutzen.
2. Der Nutzen durch das Produkt muss nicht nur faktisch vorhanden sein, sondern auch vom Kunden gefühlt und verstanden werden.

Das klingt trivial, ist aber meiner Erfahrung nach alles andere als das. Bei den beiden genannten Punkten geht es um zwei kritische Erfolgsfaktoren für das CSM: Onboarding – also den Einstieg in die Produktnutzung – und mein persönliches Lieblingsthema Kundenkommunikation.

Das Onboarding ist deshalb so entscheidend, weil Kunden ohne Produktnutzung gar nicht „erfolgreicher" werden können, richtig?

Für die Kommunikation ist CSM ein wichtiges Leitmotiv. Die Kommunikation an jedem Touchpoint zwischen Kunde und Unternehmen sollte immer nur dem Zweck dienen, den Nutzen des Produkts zu erklären und herauszustellen.

Aber der Reihe nach, den erfolgreiche Kunden generiert man bereits weit vor dem ersten persönlichen Kontakt.

### 6.3.1 Das richtige Erwartungsmanagement

Man kann sich die Erfahrungen, die ein Kunde über die Zeit mit einem Unternehmen macht, wie eine Perlenkette vorstellen. Alle Erfahrungen hängen an einer Schnur zusammen und die Perlen sind die Berührungspunkte (Touchpoints), die der Kunde mit dem Unternehmen hat. Die gesamte Perlenkette, also die Summe der Erfahrungen, nennt man Customer Journey. Der positive Verlauf dieser Customer Journey hat einen enormen Einfluss auf die Kundenbindung. Genau wie bei dem Bild mit der Perlenkette, hängt die Customer Journey untrennbar über alle Touchpoints zusammen. Trennt man die Kette an einer Stelle auf, fallen die Perlen zu Boden. Genau hierbei fängt es an, wirklich kompliziert zu werden, weil die Perlen in der Regel unternehmensweit auf die Schnur aufgezogen werden müssen. Da aber die Customer Journey fest zusammenhängt, dient Customer Success als Leitmotiv und sollte sicherstellen, dass die Erfahrungen eines Kunden über alle Touchpoints konsistent und positiv verlaufen.

Wenn wir mit der ersten Perle anfangen, also dem ersten Touchpoint, dann handelt sich es sich dabei in der Regel um einen Zeitpunkt weit vor einem persönlichen Kontakt. Es kommen in der Regel viele weitere Touchpoints hinzu, bis der Kunde sich für eine Zusammenarbeit entscheidet.

Die große Herausforderung für die Unternehmen, um später den Kunden wirklich erfolgreich machen zu können, ist daher das richtige und konsistente Erwartungsmanagement. Versprechen sind leicht ausgesprochen, wenn aber in dem Geschäftsmodell die Kundenbindung das Wichtigste ist, muss sichergestellt werden, dass diese Versprechen auch eingehalten werden.

Dafür sind zwei Dinge entscheidend. Der erste Faktor ist die Kommunikationskultur. Das Leitmotiv Customer Success sollte dabei jederzeit unterstützen. Ich sage immer plakativ, jeder Satz, der geschrieben oder ausgesprochen wird und dem Kunden nicht den Nutzen des Produkts erklärt oder ihm dabei hilft, weiteren Nutzen aus dem Produkt zu ziehen, ist unnötig. Vielleicht sogar schädlich. Gelingt das, spiegelt sich das später auch in den Ergebnissen wider.

Der zweite Faktor sind die Mitarbeiter im Unternehmen. Hier muss sichergestellt werden, dass alle Mitarbeiter mit direktem Kundenkontakt das Prinzip Customer Success verstehen und auch Produkt- beziehungsweise Branchen-Experten sind. Expertenwissen ist zwingend notwendig, weil man zunächst verstehen muss, was die Kunden überhaupt erfolgreich macht und was eben nicht. Wenn man dies nicht weiß, wird man dem Kunden nicht die richtigen Empfehlungen geben können, um erfolgreicher zu werden. Das Investment in Mitarbeitertrainings an diesen Stellen ist einer der wichtigsten Faktoren des Customer Success Managements. Bei Trusted Shops haben wir mittlerweile ein Team von zwei Mitarbeitern aufgebaut, die unternehmensweit Mitarbeitertrainings durchführen.

Der Touchpoint „Sales“ ist für das richtige Erwartungsmanagement der Kunden besonders wichtig. Deshalb gibt es Trainingseinheiten für Sales-Mitarbeiter, die wir „Backstage“ nennen. In dem Training schauen die Sales-Kollegen hinter die Kulissen, um den Nutzen und die Anwendungsmöglichkeiten jedes Features kennenzulernen. Nur so lassen sich in Sales-Pitches zukünftig die richtigen Erwartungen wecken, um Kunden auch nachhaltig an sich zu binden.

## 6.4 Produkt- und User-Onboarding

Oftmals liegt der Fokus beim Growth Hacking oder Growth-Marketing nur auf der Gewinnung von Traffic und neuen Sign-ups. Verständlicherweise, da ohne Traffic gar nichts läuft, richtig? Aber wenn der neu gewonnene Traffic zwar zu einer Registrierung führt, aber anschließend nicht zur richtigen Produktnutzung, dann ist der Growth Hack definitiv rausgeworfenes Geld.

Mindestens genauso schlimm ist, dass der User wohl nie wieder auch nur eine Sekunde in das Produkt investieren wird. Oder vielleicht sogar noch schlimmer: Die schlechte Erfahrung wird vom User weitergeben, so zum Beispiel im Social Web oder über ein Bewertungsportal. Daher ist das Onboarding neuer Kunden eine der wichtigsten Aufgaben im Customer Success Management und damit gleichzeitig eine der kritischsten. Gelingt es dem CSM-Team, den Kunden in die erfolgreiche Nutzung des Produkts zu bringen, ist auch der Weg zum erfolgreichen Kunden frei. Verpasst man jedoch den richtigen Moment, erreicht man leider nur das Gegenteil: Frustration und Enttäuschung beim Kunden. Anschließend wird es einem in der Regel nur mit sehr viel Aufwand gelingen, den Kunden langfristig an sich zu binden.

### 6.4.1 Kreiere den Aha-Moment

Es wurde bereits viel über die richtige Erwartungen des Users geschrieben. Die einzelnen Touchpoints vor dem Vertragsabschluss bauen die Erwartungen des Kunden an das Produkt entsprechend auf. Er verspricht sich einen bestimmten Produktnutzen, sonst würde er die Registrierung nicht durchführen.

Das Onboarding ist der richtige Zeitpunkt, in dem der Kunde seinen Aha-Moment erleben sollte. Das heißt, während der Kunde das Produkt integriert oder es zum ersten Mal benutzt, erlebt er einen Moment, bei dem ihm klar wird, wie er zukünftig den versprochenen Nutzen mit der Lösung erreichen kann. Natürlich bedeutet das nicht, dass er unmittelbar den maximalen Nutzen des Produkts in den ersten Minuten sofort erreichen muss, das ist häufig nicht möglich. Sondern es bedeutet vielmehr, dass ihm während des Onboardings klar wird, wie er das Produkt zukünftig erfolgreich für seine Ziele einsetzen kann.

Beim Einbinden eines Bewertungssystems in einen Webshop kann dieser Aha-Moment zum Beispiel der Eingang der ersten zwei oder drei Bewertungen sein. In der Vorüberlegung zum Onboarding ist es daher wichtig zu analysieren, welche die wichtigsten Erwartungen der Kunden an das Produkt sind und wie man diese möglichst ohne Umwege erfüllen kann. Nichts motiviert mehr zum Weitermachen als Erfolg.

Am Beispiel des Bewertungstools ist dies wiederum einfach nachvollziehbar. Die Kunden wollen möglichst schnell und ohne viel Aufwand viele positive Bewertungen einsammeln. Somit ist die Customer Experience im Produkt so zu gestalten, dass die Kunden einfach mit dem automatischen Sammeln von Bewertungen beginnen können. Am besten sogar ohne Unterstützung von Programmierern oder Agenturen. Das CSM-Team ist dabei verantwortlich dafür, dass die Kunden auch die richtigen Informationen zur Produktintegration und anschließenden Nutzung erhalten.

In der Growth Hacking Szene gilt neben dem Product-Market-Fit das Onboarding als der unentdeckte „heilige Gral", der ein echtes Growth Hacking Team rund um die Uhr beschäftigen kann. Es gibt hier immer etwas zu messen und zu optimieren. Es existieren Hunderte Best Practices, wie eine User Experience optimalerweise auszusehen hat. Allerdings muss man immer wieder herausfinden, wie der Onboarding-Prozess für das eigene Produkt und die jeweilige Zielgruppe optimal gestaltet sein sollte. Sind genügend User vorhanden, um eine statistische Relevanz zu erzeugen, empfehlen sich natürlich auch hier AB-Testings.

### 6.4.2 Perfektes Timing

Das richtige Timing ist vor allem beim Onboarding extrem wichtig. Nicht nur ihr selbst freut euch, wenn sich ein Neukunde angemeldet hat, sondern auch der Kunde selbst. Denn er hat ein paar vielleicht schwierigere Entscheidungsprozesse und Verhandlungen hinter sich. Sobald die Anmeldung erfolgreich abgeschlossen wurde, empfindet der Neukunde im besten Fall eine gewisse Euphorie, die man unbedingt als Momentum für das Onboarding nutzen sollte. Bei komplexeren SaaS-Lösungen gibt es zwei Arten von Onboarding: Das Produkt muss technisch aufgesetzt oder integriert werden und der User muss die Funktionalitäten des Produktes genau kennenlernen.

Für das User Onboarding übergibt man den Kunden intern quasi von der Sales-Abteilung zu den Customer Success Managern. In den meisten Unternehmen sind dies zwei unterschiedliche Verantwortlichkeitsbereiche.

Eine sehr saubere und prozessuale Übergabe in irgendeiner Form (im Optimalfall über ein einheitliches CRM-System) ist sehr wertvoll, damit man beim Onboarding auf Informationen eingehen kann, die dem Kunden vielleicht bereits im Kaufprozess besonders wichtig waren. Mit Hilfe von Produkttouren, Webinaren oder hoch qualitativen Anleitungen lassen sich die nächsten Schritte zur optimalen Produktnutzung gut erklären. Natürlich ist dies je nach Business immer ein großes zeitliches Investment, wenn man sich für jeden neuen Kunden 20 bis 30 Min. Zeit nimmt, um ihn persönlich durch das Produkt zu führen. Auf der anderen Seite erhöht es die Wahrscheinlichkeit, dass der Kunde erfolgreich startet, enorm und zahlt sich später über den höheren Customer Lifetime Value mehrfach wieder aus.

Das Produkt Onboarding, also die technische Einbindung oder das Aufsetzen der Lösung für den Kunden, fängt schon bei der Registrierung des Users auf der Website an. Dem User muss einfach und transparent dargestellt werden, was er zur Registrierung zu tun hat und was ihn anschließend erwartet. Man kennt Darstellungen der einzelnen Prozessschritte zum Beispiel aus Online-Shops „Warenkorb", „Registrierung", Bezahlung", „Prüfen und Bestellen". Mir fehlt sehr oft der Schritt „Bezahlung". Hier sollte man nicht mit der Grafik schummeln, sondern den Prozess so beschreiben, wie er ist. Gute Erfahrungen habe ich damit gemacht, neue Versionen einer technischen Anleitung noch während der Erstellung durch ein paar Kunden validieren zu lassen. Das ist sehr lehrreich, da die Kunden selbst immer ein bisschen anders ticken als man selbst. Man erfährt zumindest immer Dinge, die man im Vorfeld niemals für möglich gehalten hätte. Darüber hinaus ist es wichtig, Kunden schon bei der Registrierung auf der Website zu erklären, in welcher Form sie Support erhalten können. Eine einfache und bewährte Methode, um Support anzubieten, die später darüber hinaus manuellen Support-Aufwand spart, ist die Bereitstellung von guten FAQs direkt auf der Website. By the way – ein echter Growth Hack, nicht zuletzt wegen des positiven SEO-Effekts und des positiven Einflusses auf die Konversionsrate. Denn gut gepflegte FAQs räumen im besten Fall die letzten Zweifel des Besuchers aus.

Das Gleiche gilt für das Angebot von persönlichem Support. User lieben das Gefühl, im Notfall auf manuellen Support zurückgreifen zu können. Aus Produktentwickler-Sicht sollte man nicht vergessen, dass manueller Support immer eine Chance darstellt, mit Kunden live zu interagieren.

Zum richtigen Timing gehört, den Versandzeitpunkt von System-Mails richtig zu wählen. Eine Double-Opt-in-Mail muss wirklich innerhalb von einer Minute verschickt werden. Wenn der Mail-Server die Bestätigungsmail erst eine Stunde später verschickt, kann das schon zu spät sein. Das hört sich trivial an, ist es aber in der Realität leider nicht. Große Unternehmen versenden einige 1000 System-Mails pro Stunde, sodass Mails auch schon einmal in einer Warteschlange hängen bleiben können. Start-ups hingegen haben ihre IT-Infrastruktur oftmals noch nicht im Griff, sodass ihnen gar nicht bewusst ist, wann genau welche Mails versendet werden.

Da wird dann viel Geld ins Growth Marketing gesteckt und später scheitert es am zu späten Mail-Versand der Onboarding-Mails. Noch schlimmer: Die Mails landen alle in den Spamfoldern der E-Mail-Clients oder Freemailing-Tools. Das darf nicht passieren, ist aber schnell passiert.

### 6.4.3 Onboarding-Automatisierung

Nach der Registrierung gibt es eigentlich nur zwei Zustände, die der User in einer definierten Zeit erreichen kann: Entweder er hat das Produkt ausprobiert oder eben nicht.

Wie schon erwähnt, ist das Timing dieser sogenannten Onboarding-Trigger entscheidend. Mindestens genauso wichtig ist jedoch auch der Content, den der Trigger beinhaltet. Eine besonders nette Willkommens-Mail dürfte heutzutage theoretisch nicht mehr allzu schwer zu erstellen sein (vgl. Abb. 6.2 Hübsche Welcome-E-Mails). Allerdings bitte auch responsive, sodass sie auf allen Devices wirklich gut funktioniert. Neben nett und responsive fehlt dann nur noch die richtige Call-to-Action. Was sollte die nächste Aktion des Users im Optimalfall sein? Oder bietet man ihm direkt die nächsten zwei oder drei Schritte an und spart sich damit weitere Mails? So einfach ist das also gar nicht.

Weil es den meisten digitalen Produkten so geht, gibt es mittlerweile für die Automatisierung von Onboarding-Workflows sehr gute Tool-Unterstützung. Diese Tools beinhalten in der Regel die Möglichkeit zu entscheiden, wann welcher User in welchem Zustand oder bei welchem eintretenden Ereignis eine Nachricht bekommen soll. Diese einzelnen Schritte und User-Aktionen werden dann entsprechend über das Tool getrackt.

**Beispiel**

**Automatisierungs-Workflow**

Ein Beispiel für einen einfachen Automatisierungs-Workflow für ein Online-Tool:

- Der User füllt das Sign-up-Formular aus und erhält anschließend automatisch eine Double-Opt-in-Mail.
- Nach der Bestätigung der DOI-Mail wird ein Account generiert und der User soll sich einloggen (Achtung Growth Hack: Das Tool ist so schlau und loggt den User automatisch ein, sodass er einen Schritt gespart hat).

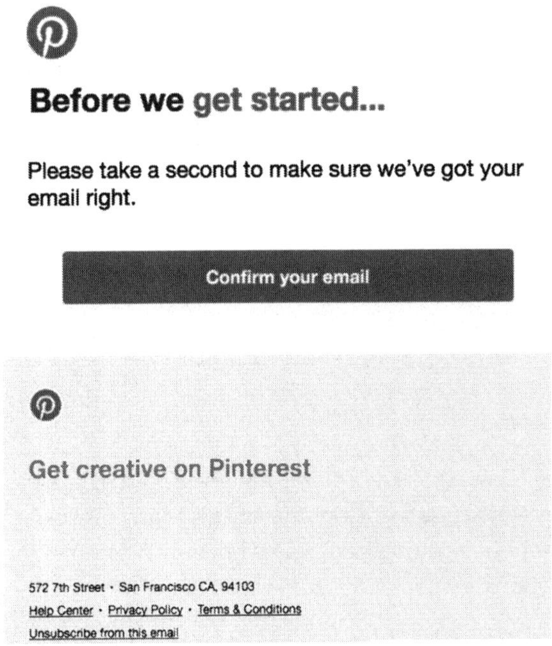


**Abb. 6.2** Hübsche Welcome-E-Mails von Pinterest [3]

- Nach dem Log-in kann er eine Produkt-Tour durchlaufen, um herausfinden, wie alles funktioniert. Diese kann er aber ganz einfach überspringen, wenn er möchte.
- Einen Tag später sollte man eine Trigger-Mail schicken.
- Fall A: Der User hat das Tool so genutzt, wie man sich das vorgestellt hat. Man schickt ihm eine Mail und bietet weiteren Support an oder weist noch mal darauf hin, was er zusätzlich alles machen kann. Eine sehr positive Nachricht, denn der User ist auf einem guten Weg, mit dem Produkt erfolgreich zu werden.
- Fall B: Der User hat das Tool nicht so genutzt, wie man sich das vorgestellt hat. Bestenfalls weiß man auch, was nicht funktioniert, und kann die Nachricht entsprechend aussteuern. Hat der Log-in nicht funktioniert? Hat die Produktintegration nicht geklappt? Hat er vielleicht sogar Kontakt aufgenommen? Die Nachricht sollte den User individuell darauf hinweisen, wie er das Problem lösen kann.

- Und so weiter. Zukünftige Trigger- oder Encouragement-Mails zielen bestenfalls auf ein bestimmtes Ereignis ab. Vergessen sollte man nicht die positiven Ereignisse: „Herzlichen Glückwunsch, Du hast das nächste Level erreicht." Meine persönlichen Favoriten sind die Sport- und Fitness-Apps: „Super, Du hast Dein Tagesziel erreicht." Oder: „Hey, was ist los? Schon Donnerstag und Du hast diese Woche noch gar keinen Sport gemacht."

Tools wie Hubspot, Mailchimp, Kissmetrics und Co. können beim Aufbau eines Onboarding-Workflows viel Zeit sparen. Natürlich muss man noch selbst entscheiden, welche Nachricht wann und an wen geschickt werden soll. Aber das Aufsetzen ist wirklich heutzutage ein Kinderspiel.

### 6.4.4 Automatisches Upselling

Automatisches Upselling klingt gut, oder? Die gute Nachricht: Es gibt gute Beispiele digitaler Produkte, bei denen der automatische Upselling-Prozess super funktioniert:

- Dropbox: Upgrade auf mehr Speicherplatz
- Apple: Upgrade auf mehr iCloud-Speicherplatz, damit die iPhone-Back-ups auch alle drauf passen und wir keine Fotos löschen müssen. Die Kunden-Hölle, da jeder iPhone-User quasi das Upgrade benötigt.
- Evernote, Xing, LinkedIn: Mehr Funktionalitäten freischalten

Die Tools zeichnen sich dadurch aus, dass sie eine sehr gute Produktlimitierung gefunden haben und der Upgrade-Prozess an sich sehr einfach gehalten ist. Das ist auch schon die Zauber-Formel für den automatischen Upselling-Prozess.

Das Gegenteil erleben wir leider ebenfalls täglich. Immer wieder die gleichen Mails mit Rabattcodes, „Wir vermissen Dich", „Kauf Dir doch dies oder das dazu". Offensichtlich scheinen diese Trigger-Mails zu funktionieren, sonst würden die E-Mail-Marketer dieser Welt ja nicht derart viel Aufwand in sie investieren.

Je individueller die Trigger-Mails zum Upselling mit Nutzungsdaten ausgestattet sind, desto besser werden diese konvertieren. Eigentlich genau wie beim herkömmlichen E-Mail-Marketing. „Wussten Sie schon, dass bereits 789 Besucher auf Ihrem Profil waren? Möchten Sie sehen, wer diese Besucher genau sind, dann hier entlang …", um ein altes Beispiel von Xing aufzugreifen.

## 6.5 Customer Success in der Kundenbetreuung

Für die Kundenbetreuung spielt das Customer Success Management eine herausragende Rolle. Neben den kontinuierlichen Touchpoints der Kunden mit dem Produkt finden hier während der gesamten Kundenbeziehung die meisten, vor allem persönlichen Kontakte mit den Kunden statt. Deshalb sind hier diejenigen Personen im Organigramm angesiedelt, die am Ende für den Erfolg des Kunden die Verantwortung tragen, die Customer Success Manager.

### 6.5.1 Der Customer Success Manager und sein Portfolio

Die Rolle des Customer Success Managers ist proaktiv und seine Arbeit orientiert sich an Profildaten, die er über seine Kunden zur Verfügung hat. In den meisten Unternehmen ist Kundeservice reaktiv. Die Kunden melden sich in der Regel, wenn etwas schiefgegangen ist. Die Mitarbeiter im Kundenservice versuchen dann noch zu retten, was zu retten ist. Oft ein bescheidener Job, bei dem man ein dickes Fell benötigt. Diese Situation kann auch bei einem Customer Success Manager eintreten, ist aber im Normalfall deutlich seltener. Wenn der Mitarbeiter alle benötigten Informationen über seine Kunden zur Verfügung hat, dann sollte er bereits anhand der Produktnutzungsdaten schon deutlich vor dem Kunden wissen, dass dieser bald mit dem Produkt unzufrieden werden könnte. So kann er frühzeitig reagieren und den Kunden aktiv ansprechen.

Dazu organisieren wir die gesamte Kundenbasis in einzelne Kundenportfolios. Jeder Customer Success Manager ist anschließend verantwortlich sowohl für den Erfolg als auch den Misserfolg seines Kundenportfolios. Diese Verteilung von Verantwortung halte ich für besonders wichtig. Für jedes Projekt oder jede Organisationsstruktur sind klare Verantwortlichkeiten ein entscheidender Erfolgsfaktor. Die optimale Portfoliogröße hängt vom Geschäftsmodell und dem Produkt ab. Es gilt die Leitfrage „Wie intensiv muss die die Betreuung eines Kunden sein, um ihn erfolgreich zu machen?“. Generell sollte man versuchen, die einzelnen Portfolios mit einem Querschnitt seiner Kunden zu versehen, statt die Portfolios im Vorfeld zu clustern.

Wenn die Portfolios ähnliche Kunden und damit auch ähnliche Vertragswerte aufweisen, lassen sich anschließend auch die Leistungen der Customer Success Manager untereinander gut vergleichen. Das motiviert in der Regel. Eine mögliche Vorgehensweise ist, dass man die Kunden anhand von Vertragswerten in A-, B- und C-Kunden aufteilt und dann jedes Portfolio mit dem gleichen Verhältnis an Kunden zusammenstellt.

### 6.5.2 Produktnutzungsdaten als Indikator für erfolgreiche Kunden

Die Intensität, mit der ein Kunde das Produkt benutzt, sagt bereits viel darüber aus, ob er den Nutzen wirklich verstanden hat. Warum sollte man schließlich ein Produkt nutzen, wenn man weiß, dass es nichts bringt? Außer Facebook, Instagram und Co. vielleicht – aber das ist ein anderes Thema. Entsprechend ist ein Monitoring der individuellen Produktnutzung der Kunden ein wichtiger Bestandteil der Arbeit eines Customer Success Managers:

- Loggen sich die Kunden regelmäßig in der Plattform ein?
- Wie häufig nutzen die Kunden eine bestimmte Funktion des Produkts?
- Haben die Kunden das Produkt integriert und erhalten den versprochenen automatischen Produktnutzen?
- Wie waren die Werte der letzten drei Monate gegenüber den aktuellen Zahlen?
- Wie sind die Nutzungszahlen vergleichbarer Kunden in meinem Portfolio?

All diese Fragen können dem Customer Success Manager eine gute Orientierung geben, ob der Kunde erfolgreich ist oder eben nicht. Ist er es nicht, muss ich ihm helfen, damit er nicht kündigt. Ist er erfolgreich, kann ich schauen, welche Möglichkeiten ich habe, seinen Vertragswert zu steigern.

Um die Produktnutzungsdaten sowie die Kunden richtig interpretieren zu können, ist es wichtig, die Bedürfnisse der Kunden sowie die Entwicklungen und Needs der jeweiligen Branche zu beherrschen. Denn nur durch gute Beratung, die in Form von Newslettern oder Blogs zumindest halb automatisiert werden kann, ist Customer Success wirklich erfolgreich durchführbar – ein gutes Produkt mit erreichtem Product-Market-Fit natürlich vorausgesetzt.

### 6.5.3 Durch Upselling gleichzeitig die Kundenbindung erhöhen

Wenn man mit einem Produkt wachsen möchte, benötigt man vor allem eine gute Strategie für die Neukundengewinnung. Wie lässt sich der Traffic erhöhen oder wie optimiere ich meine Konversionsrate? Das sind die allseits bekannten Fragen, um das Neugeschäft zu optimieren. Sobald man allerdings eine gewisse Anzahl erfolgreicher Bestandskunden gewinnen konnte (oder vielleicht schon seit Jahren im Portfolio hat), sollte man schleunigst über eine Upselling-Strategie als zusätzlichen Umsatztreiber nachdenken.

Denn betrachtet man die Akquisitionskosten und damit den Aufwand für Upselling, ist dies in der Regel deutlich günstiger als das Neukundengeschäft. Dies besagt auch die 1-3-7-Regel [4]: Einen Bestandskunden zu halten rechnet sich mit einem Aufwand von Faktor 1. Einen unzufriedenen Kunden doch noch zu halten, gilt als Aufwand mit Faktor 3. Einen Neukunden zu gewinnen, gilt jedoch immer als das Aufwendigste mit Faktor 7. Zudem hat Upselling den weiteren Vorteil, die Vertragswerte der Kunden zu erhöhen und damit normalerweise gleichzeitig die Dauer der Kundenbeziehung.

**Zwei einfache Regeln helfen, durch Upselling nachhaltig zu wachsen**

- Churn vermeiden: Der Wertverlust, den man durch Kündigungen erleidet, sollte immer Vorrang haben vor Upselling. Das bedeutet, für den Customer Success Manager hat die Vermeidung von Kündigungen immer die allerhöchste Priorität. Warum? Neue Kunden zu gewinnen, ist sehr teuer. Einen Kunden jedoch mit seinem bestehenden Vertrag zu halten, hält mehr Umsatz, als man durch eine Steigerung des Vertragswertes (Upselling) erreichen kann. Um nur eine einzige Kündigung umsatztechnisch kompensieren zu können, muss man demnach in der Regel viele andere Kunden upsellen, um den gleichen Umsatzwert zu erhalten. So ergibt sich die Priorität, gemessen am Umsatz eines Customer-Success-Portfolios, quasi von selbst.
- Upselling nur mit steigendem Nutzen für den Kunden: „Verkauf dem langjährigen Kunden nicht irgendwas, nur um dessen Vertragswert zu erhöhen." Denn das damit verbundene Risiko eines Kollateralschadens kann enorm hoch sein.

Aber wann ist der optimale Zeitpunkt für Upselling? Die beste Orientierung liefern auch in diesem Fall die Produktnutzungsdaten. Welches Produkt benutzt der Kunde bereits erfolgreich und welches vielleicht noch nicht? Welches Problem löst man bereits bei dem Kunden mit dem Produkt und welches vielleicht noch nicht? Könnte das neu entwickelte Produkt vielleicht den Nutzen mit dem Produkt zukünftig verbessern oder vielleicht ein weiteres Problem lösen? Nur dann, wenn man tatsächlich sicher ist, dem Kunden zusätzlichen Nutzen verschaffen zu können, sollte man dem Kunden entsprechende Erweiterungen und Features im Sinne des Upsellings aktiv anbieten.

Korrektes Upselling kann tatsächlich die Kundenbindungsdauer erhöhen. Das hat auch ein U-Boot-Projekt ergeben, welches ich kürzlich mit einem Statistik-Professor der Universität zu Köln durchführen durfte. Ziel des Projektes war es, ein mathematisches Churn-Scoring-Modell zu entwickeln, das uns pro Kunde ausweist, mit welcher Wahrscheinlichkeit ein Kunde zukünftig kündigen wird. Eine echte Herausforderung, aber entsprechend mit einem enormen Nutzen für erfolgreiches Customer Success Management.

Als Erfahrungswerte haben wir über 20.000 Datensätze der Trusted Shops-Bestandskunden genutzt, inklusive der Vertrags- und Produktnutzungsdaten. Zudem natürlich auch die Werte der Kunden, die in den letzten drei Jahren ihren Vertrag gekündigt haben. Die ganzen Daten fließen nun in ein mathematisches Churn-Score Modell ein, sodass wir heute automatisiert pro Kunde sehen können, wie es tatsächlich um seinen „Erfolg" mit uns steht.

Einige Erkenntnisse, die wir durch die Entwicklung des Churn-Score-Modells gewonnen haben, lassen sich aus meiner Erfahrung durchaus verallgemeinern.

Höhere Vertragswerte haben einen eindeutig positiven Einfluss auf den Churn Score. Das deckt sich mit unserer praktischen Erfahrung. Zum einen kann man davon ausgehen, dass die Kunden das Produkt dann wirklich professionell einsetzen möchten, wenn sie auch einen relevanten Betrag dafür zahlen. Zum anderen wird durch höhere Kosten die Priorität für das Produkt beim Kunden erhöht. Das bedeutet, Produkte, die teurer sind, haben automatisch eine höhere Aufmerksamkeit beim Kunden. Kostenlose Einstiegsmodelle, mit denen man schnell viele Kunden gewinnen kann, die einfach nur mal ausprobieren wollen, bestätigen diese These. Zahlt man beispielsweise 200 EUR im Monat für ein entsprechendes Produkt, dann muss der Nutzen des Produkts schon im Vorfeld klar sein. Und zwar meiner Erfahrung nach unabhängig davon, ob im Start-up oder im größeren Unternehmen.

Steigende Produktnutzung hatte bei allen Ausprägungen ebenfalls einen eindeutig positiven Einfluss auf die Customer Lifetime.

Die Analyse dieser großen Menge an Datensätzen zeigt also genau das, wovon wir in der Praxis immer ausgegangen waren: Je intensiver die Kunden das Produkt nutzen und entsprechend auch mehr bezahlen, desto höher ist die Kundenbindungsdauer.

### 6.5.4 Die Churn Rate

Wie bereits erwähnt, liegt die Aufgabe der Customer Success Manager tagtäglich darin, die Kunden aus ihrem Portfolio erfolgreich zu machen. Aber natürlich ist für die Erfolgsmessung sowohl innerhalb der Abteilung als auch für die Steuerung des Unternehmens wichtig, kontinuierlich die richtigen KPIs transparent zu reporten.

Die wichtigste Customer Success KPI und gleichermaßen auch einer der wichtigsten für jedes SaaS-Business-Modell ist aus meiner Sicht die sogenannte „Churn Rate". Sie gibt für eine bestimmte Periode (z. B. Monat, Quartal, Jahr) die Nettoveränderung der Bestandskundenumsätze wieder. Für die Berechnung der Churn Rate existieren leider Hunderte verschiedene Versionen im Netz. Ich berechne die Churn Rate folgendermaßen:

▶ **Churn Rate** = (Verlust in Euro durch Kündigungen – Vertragserhöhungen in Euro z. B. Upselling)/Gesamtbestandswert in Euro

Das bedeutet: Wenn man die Churn Rate z. B. für ein Quartal berechnen möchte, summiert man den Verlust in Euro aller Verträge, die in diesem Quartal aus dem Bestand ausscheiden, und subtrahiert davon die Summe aller Vertragserhöhungen aus diesem Quartal. Damit erhält man den Nettowertverlust aus diesem Quartal. Anschließend teilt man diesen Nettowertverlust durch den Gesamtbestandswert zu Beginn dieses Quartals, also ohne Neugeschäft aus der Periode. Denn die Churn Rate gibt Auskunft über die Entwicklung des Bestands- und nicht über den Neugeschäftswert – ein wichtiges Detail, das in vielen Berechnungen häufig vergessen beziehungsweise übersehen wird. Die Churn Rate lässt sich natürlich sowohl für den gesamten Kundenbestand berechnen als auch für die einzelnen Portfolios der jeweiligen Customer Success Manager. Wenn diese Portfolios dann noch eine ähnliche Kundenstruktur bezüglich ähnlicher Vertragswerte aufweisen, lässt sich damit sehr gut die Leistung des Customer Success Managers beurteilen und mit anderen Portfolios vergleichen.

Der Customer Success Manager hat mit seiner Arbeit einen starken Einfluss auf die Churn Rate und deshalb ist es richtig, dass er die komplette Verantwortung für sein Portfolio trägt. Trotzdem ist er abhängig von der Leistung aller anderen im Unternehmen – ein Detail, welches ebenfalls häufig vergessen wird. Denn sind die Kunden mit dem Produkt, entsprechenden Marketingaktionen oder der Sales-Beratung unzufrieden, werden sie eher geneigt sein, den Vertrag zu kündigen. Die Churn Rate steigt entsprechend, ohne dass der Customer Success Manager eine Chance hatte, seinen Job zu machen.

Und genau diese Abhängigkeiten der einzelnen Abteilungen mit und ohne Kunden-Touchpoints untereinander sind der Grund dafür, warum die Verbesserung der Churn Rate immer ein abteilungsübergreifendes Unternehmensziel sein sollte. Jeder Manager oder Abteilungsleiter sollte demnach die Churn Rate in seiner individuellen Zielvereinbarung verankern.

Nur der Vollständigkeit halber: Die Churn Rate wird häufig auch als „Revenue Churn Rate“ bezeichnet. Die Churn Rate lässt sich auch in weiteren Ausprägungen z. B. als „Customer Churn Rate“ berechnen. Hier würde dann statt der jeweiligen Umsatzwerte der Portfolios die Anzahl der verlorenen Kunden einer Periode mit der Anzahl des Gesamtbestands zu Beginn der Periode ins Verhältnis gesetzt.

### 6.5.5 Wachstumsbeschleuniger „Negative Churn“

Gehen wir einmal von der Situation aus, wie sie im besten Fall sein sollte: Die Kunden lieben das Produkt, da es für sie einen enormen Nutzen darstellt. Das Produkt und das Produktmarketing treffen genau die Bedürfnisse der Kunden, und die Customer Success Manager bringen die Kunden in die Nutzung und helfen ihnen dabei, erfolgreich zu sein. Die Kunden werden immer weitere kostenpflichtige Erweiterungen haben wollen und denken nicht an eine Kündigung. Schöne neue Welt.

Plötzlich passiert mit der Churn-Rate Folgendes: Die Summe der Verluste durch Kündigungen fällt in der Periode niedriger aus als die Summe der Vertragserhöhungen. Das Ergebnis der Churn Rate ist also negativ. Das bedeutet, selbst wenn man theoretisch keinen einzigen Neukunden gewinnen würde (was natürlich nicht erstrebenswert ist), erwirtschaftet das Unternehmen dennoch ein Gewinn- bzw. Umsatzwachstum, allein aus dem Bestand. Und da niemand auf das Neugeschäft verzichten kann und vor allem verzichten möchte, kann man durch Negative Churn neben dem Neugeschäft ordentliche Gewinne erzielen. Die perfekte Growth-Maschine.

**Autor des Gastbeitrags**

Christian Berg ist mittlerweile seit über zehn Jahren für SaaS-Unternehmen in verschiedenen Positionen tätig. Zu Beginn seiner beruflichen Laufbahn arbeitete er als Project Manager im Vertrieb eines mittelständischen Software-Unternehmens. Dabei war er hauptverantwortlich für die Implementierung einer CRM-Standard-Software. Anschließend sammelte Christian einige Jahre Erfahrung im Enterprise Sales Management, wo er die Basis für seine heutige Stärke „den bedingungslosen Kundenfokus“ legen konnte. Seit 2012 ist Christian für den E-Commerce-Dienstleister Trusted Shops in Köln tätig. Vom Aufbau des Partner Managements über den Ausbau eines Product-Experience-Teams bis hin zur aktuellen Position als Director Customer Experience stieg Christians Verantwortung den Kunden gegenüber kontinuierlich. Heute verantwortet er das europaweite Bestandskundengeschäft mit über 20.000 Kunden. Auf Customer Success

Management stieß Christian in einem amerikanischen E-Commerce Blog und wird seitdem seinen Ruf als „Churn Fighter“ nicht mehr los.

## Literatur

1. statista. 2016. https://de.statista.com/statistik/daten/studie/3979/umfrage/e-commerce-umsatz-in-deutschland-seit-1999/. Zugegriffen: 15. Okt. 2016.
2. Skok, David. http://www.forentrepreneurs.com/why-churn-is-critical-in-saas/. Zugegriffen: 15. Okt. 2016.
3. King, Bart. 2016. https://medium.com/reallygoodemails/pinterest-onboarding-emails-2c7fbb0424a9#.dc5117ot7. Zugegriffen: 15. Okt. 2016.
4. Brandt-Biesler, Franziska. http://www.foerderland.de/managen/marketing/news/artikel/neukundenakquise-so-wird-sie-sinnvoll/. Zugegriffen: 15. Okt. 2016.

# Valid Data for valid Decisions 7

Wer kennt es nicht? Man zieht sich den neuesten wöchentlichen Website-Tracking-Report oder bekommt ihn am Montagmorgen pünktlich vom Performance-Marketing zugesendet und klickt sich mal durch. Growth Hacker lieben bekanntlich Analytics-Daten, insofern an sich eine angenehme Situation, oder?

Nach wenigen Klicks fällt jedoch schnell auf, dass etwas nicht stimmt. Kurz noch mal nachgedacht und zur Sicherheit beim Team noch mal nachgefragt. Leider kommt dann in der Regel die Antwort „Stimmt, Du hast recht – da ist was schiefgelaufen."

Meistens wurde wieder an irgendeiner Stelle das Tracking-Tool falsch eingebaut, die Konversion-Tracking-Pixel von Adwords und Facebook in die falschen Landingpages mitkopiert oder es wurde der Kampagnen-Tracking-Parameter nicht an die URLs angehängt. Aber das kann doch eigentlich gar nicht so schwer sein, oder? Ich lehne mich einmal aus dem Fenster und behaupte, dass niemand für die vorhandenen Analytics-Daten seine Hand ins Feuer legen würde. Korrekt oder nicht? Ich hoffe, ich behalte nicht recht.

Wo soll man beim Growth Hacking starten? Ich behaupte, bei Analytics ist ein sehr guter Punkt zum Starten. Denn beim Growth Hacking geht es schließlich darum, basierend auf validen Daten valide Entscheidungen zu treffen, in Englisch:

> Valid Data for valid decisions.

## 7.1 Big Data im Growth Hacking

Vor allem in den Management-Boards großer Corporates sowie in den einschlägigen Print-Medien, die von diesen Managern gelesen werden, spricht man seit Monaten gefühlt nur noch über „Big Data". Geht man in der Kantine eines Versicherungsunternehmens essen, hört man schnell: „Wir sitzen ja auf einem


H. Lennarz, *Growth Hacking mit Strategie*,
DOI 10.1007/978-3-658-16231-3_7

unendlich großen und wertvollem Datenschatz." Ich neige dann immer zu sagen: „Ja, aber ihr wisst leider gar nichts damit anzufangen." Der Vollständigkeit halber eine Definition zu Big Data von IBM:

> Every day, we create 2.5 quintillion bytes of data — so much that 90 % of the data in the world today has been created in the last two years alone. This data comes from everywhere: sensors used to gather climate information, posts to social media sites, digital pictures and videos, purchase transaction records, and cell phone GPS signals to name a few. This data is big data [1].

Demnach geht es einerseits darum, den eigenen Datenschatz zu bergen und vor allem diesen endlich nutzbar zu machen. Andererseits geht es darum, die Daten verschiedenster Systeme nun auch miteinander zu verbinden, sodass neue sinnvolle Informationen und Anwendungsfälle entstehen. Dies wiederum fasst man heute unter dem Begriff „Internet of Things" (IoT) zusammen. Aus Autofahrprofilen, Arztbesuchen, Sportaktivitäten, Kontobewegungen, Bewertungsprofilen, Shopping-Ausgaben, Food-Trackern oder Körpermesswerten lassen sich jede Menge neue Informationen gewinnen und somit auch neue Business-Modelle starten.

Aber was hat das Ganze mit Growth Hacking zu tun? Die Unternehmen, die es schaffen, ihre Daten nutzbar zu machen, werden einen positiven Growth-Einfluss verzeichnen können. Menschen möchten personalisiert angesprochen werden, ob im Auto, per E-Mail oder im Supermarkt. Damit sind das Erheben, das Bereitstellen und das Auswerten von Userdaten „klassische" Growth Hacking Disziplinen.

Mal angenommen, die Erhebung beziehungsweise die Aggregation der Daten ist bereits automatisiert und zu 100 % validiert. Und das, obwohl die Daten aus verschiedenen Systemen kommen: Google Analytics, Google Adwords, Mailchimp, CRM-System und aus der Controlling-Abteilung. Eine perfekte Ausgangssituation sozusagen, die man leider so niemals in einem Unternehmen oder Start-up vorfindet. Denn allein dieser Schritt ist eine riesige technische, budgetfressende und auch oftmals datenschutzrechtliche Herausforderung.

Egal, die Daten liegen jetzt professionell in einem Data Warehouse vor. Der nächste Schritt beinhaltet die richtige Bereitstellung der Daten. Welche Daten sind denn für wen an welcher Stelle sinnvoll? Ein paar Beispiele:

- Welche Daten möchte der CEO in seinem Powerpoint-Report jeden Montag sehen?
- Welche Userdaten benötigt der Growth Hacker, um die Trigger E-Mails für das User Onboarding individueller ausrichten zu können?
- Woher bekommt man den Churn-Score für das CRM-System des Customer Success Managers?

- Woher bekommt der Performance Marketer die Customer Acquisition Costs für seine Facebook-Kampagne und vor allem den Vergleich für die totalen CACs?
- Wie dynamisiert der Website-Manager die Ansprache auf der Landingpage, je nach Browserhistorie des Users?

Diese Fragen gilt es, zu beantworten und dann auch entsprechend technisch bereitzustellen. Damit ist die Erstellung einer manuellen Powerpoint-Präsentation für den CEO nicht wirklich die Herausforderung. Vielmehr geht es darum, den Datentopf per Schnittstellen an die jeweiligen Systeme, in denen sich die Nutzer bewegen, anzubinden. Data-Analysten, Datenbank-Architekten und natürlich Schnittstellen-Entwickler sind dazu zwingend erforderlich.

Nach der validen Erhebung der Daten und der richtigen Bereitstellung kommt die nächste Hürde: die richtige Interpretation der Daten. Was helfen dem Growth Hacker valide Daten, wenn ihm die Kreativität oder die Kundenorientierung fehlt, was er mit den Userdaten anfangen könnte? Oder noch schlimmer, er interpretiert die vorliegenden Daten schlichtweg falsch.

Was hilft dem CEO die Information, dass die Umsätze des Upsellings im letzten Monat um 21 % gesunken sind, wenn er nicht weiß, dass es ein technisches Problem mit der PayPal-Einbindung gab? Im schlimmsten Fall sucht er sogar die Schuld beim Customer Success Manager statt in der Technik. Aber wer will es ihm verübeln, wenn er den anderen Datensatz der PayPal-Anmeldungen nicht vorliegen hat, da er schlichtweg fehlt.

Was hilft dem Performance Marketer der CAC für seine Facebook-Kampagne, wenn ihm kein Vergleichswert vorliegt oder er keine Zielvorgabe für den CAC bekommen hat?

Bevor man sich mit dem Thema Daten intensiv beschäftigt, sollte man sich auf jeden Fall fragen, welches Ziel man im Detail verfolgt, Personalisierung der Marketing-Kampagnen, KPI-Reportings für das Management-Board oder andere Stakeholder wie Investoren. Was sind die richtigen KPIs?

Das Thema „Big Data" zu knacken bedeutet Fluch und Segen zugleich. Fehlerquellen gibt es genug – sowohl bei der Erhebung der Daten als auch bei der Bereitstellung sowie vor allem bei der Interpretation der Daten.

**Beispiel: Überraschungs-Effekt mit dem Aktionspreis**

Ihr seid schon seit über zehn Jahren Kunde bei Audi. Audi macht eine tolle E-Mail-Marketing-Kampagne für das neue Modell des A4 Variant. Als Bestandskunde erhaltet ihr einen Newsletter und werdet anschließend auch vom Retargeting verfolgt. Auf der Landingpage wird euch dann der Wagen für 400 EUR im Monat mit einem Leasing-Vertrag angeboten. Cool, denkt ihr. Es ist auch mal Zeit für einen Neuwagen. Ihr macht über die Website einen Termin mit dem Audi-Händler eures Vertrauens. Läuft also. Gut gemacht von Audi so weit.

Beim Audi-Händler angekommen, erzählt euch der Audi-Mitarbeiter, dass der Audi euch nicht wie im Newsletter angekündigt 400 EUR, sondern 500 EUR im Monat kostet. Als Begründung sagt der Verkäufer: „Das 400 EUR-Angebot ist leider nur für Neukunden, nicht für Bestandskunden."

Das passiert, wenn man die vorliegenden Daten an die falsche Zielgruppe aussteuert. Ob die Kampagne „Neukunden bessere Preise anzubieten als langjährigen Bestandskunden" an sich Sinn macht, kann wiederum jeder für sich selbst entscheiden.

## 7.2 Der Customer Lifecycle

Besonders für SaaS-Business-Modelle ist der Customer Lifecycle der zentrale Prozess, um den sich in der Regel alles drehen sollte. Ziel ist es, alle Schritte des Kunden vom ersten Kontakt etwa mittels Werbemittel über die Registrierung bis hin zur Vertragsverlängerung zu erfassen. Jeder einzelne Schritt der User kann somit entsprechend analysiert und bei Bedarf optimiert werden.

**Es existieren zwei Dimensionen in der Darstellung der Customer-Lifecycle-Daten, die es zu unterscheiden gilt:**

1. Die Sicht auf den einzelnen User. Wo steht mein User gerade im Customer Liefecycle und was wäre der nächste Schritt für ihn?
2. Die Sicht auf aggregierte User. Beispielsweise hängt eine gewisse Prozentzahl aller User im Customer-Lifecycle-Schritt XY für durchschnittlich N Tage fest. Hier setzt der Growth Hacker an. Er muss bewerten, an welchen Stellen und warum die User nicht weiterkommen, um entsprechende Maßnahmen einzuleiten.

Der Growth Hacker beherrscht die Daten des Customer Lifecycles für die einzelnen User-Gruppen wie kein anderer. Der Customer Success Manager wiederum beherrscht den einzelnen User seines Portfolios und weiß jederzeit, an welcher Stelle im Customer Lifecycle er sich gerade befindet und wie er ihm helfen kann.

Um einen Überblick zu bekommen, ist es hilfreich, den kompletten Weg, den ein User zu beschreiten hat, auf einer großen Wand zu visualisieren: testweise auf der eigenen Website anmelden und jeden einzelnen Touchpoint, den der User zu sehen bekommt, ausdrucken und an die Wand heften. Ich war beim ersten Mal entsetzt, wie viele Schritte ich meinen so „geliebten“ Usern tatsächlich zumute. Eine einzige Wand in meinem Büro hat nicht ausgereicht, um alle Websites, E-Mails, Upgrade-Websites nebeneinander aufzuhängen:

- Unnütze E-Mails,
- Fehlende Call-to-Actions
- Altes oder gar kein Design
- Von Responsiveness keine Spur
- Tote Links
- Fünf PDF-Attachments pro E-Mail
- Veraltete Anleitungen
- Schlechte Texte

Nichts ist unmöglich, wie bei Toyota. Dann kümmert man sich mehrmals im Jahr um das Layout der Website und andere, ganz „offensichtliche“ Dinge, dabei liegen die wichtigsten Touchpoints mit dem größten Impact auf Growth vielleicht ganz woanders.

Im Gegensatz zu Start-ups haben größere Unternehmen fast immer das Problem, dass mehrere unterschiedliche Abteilungen am Customer Lifecycle beteiligt sind. Die Abteilungen haben wiederum unterschiedliche Interessen, was sie von diesem einen Kunden in genau dieser einen Situation verlangen. Vergessen wird dabei oft, dass die internen Prozesse den Kunden selbst kein bisschen interessieren. Einheitliche und abgestimmte Ziele setze ich dabei voraus, sonst wird es niemals einen kundenorientierten Customer Lifecycle ohne Bruchstellen geben. Nicht zu selten arbeiten Abteilungen in Unternehmen durch gegensätzliche Zielvereinbarungen sogar gegeneinander. Keine gute Growth Hacking Strategie.

Nach der Visualisierung des Customer Lifecycles müssen individuell die „richtigen“ zu optimierenden KPIs definiert werden. Beispiele für wichtige Growth Hacking KPIs:

- Wie viele Besucher sind täglich auf der Website?
- Woher kommen die Besucher auf der Website?
- Wie viele Registrierungen kommen täglich über die Website?
- Wie viele Registrierungen kommen über Marketing-Channel x oder y?
- Wie entwickelt sich die Konversionsrate der Website?
- Wie lang ist die Verweildauer auf der Website?
- Wie valide sind die Registrierungen und Dateneingaben der User?

- Wie viele User haben sich nach der Registrierung nie wieder mit dem Produkt beschäftigt?
- Wie lange haben die Nutzer gebraucht, um das Produkt das erste Mal zu nutzen?
- Wie viele User loggen sich wie oft in das User-Backend ein?
- Wie viele User haben das Produkt täglich genutzt?
- Wie viele User nehmen zusätzlich Service in Anspruch?
- Welche Fragen werden von den Usern am häufigsten gestellt?
- Wie viele User sind mit dem Produkt sehr zufrieden?
- Wie viele User hatten den Aha-Moment des Produkts?
- Wie viele User sind bereit für Upselling?
- Wie viele User sind schon länger als sechs Monate dabei?
- Wie viele User fragen durch Feedback aktiv nach weiteren Funktionalitäten?
- Wie lange bleiben zahlende Kunden dabei (Customer Lifetime Value)?
- Wie viele User werden nicht zu zahlenden Kunden wegen fehlender Zahlungsarten?
- Wie viele User werden nicht zu zahlenden Kunden wegen zu hohen Preisen?
- Wie ist das Verhältnis zwischen Free Usern und zahlenden Usern?
- Wie viele User würden das Produkt weiterempfehlen?
- …

## 7.3 Growth Hacking Analytics

**Gastbeitrag: Ben Sufiani, Founder & CEO of 6Metrics.co**
Ein beliebtes Growth Hacking Framework, um effektive KPIs zu definieren, sind die sogenannten „AARRR"-Metrics von Dave McClure, Gründer des Accelerators „500 Startups" aus San Francisco [2].

Dieses Framework orientiert sich ebenfalls komplett am Customer Lifecycle und ist Pflicht für jedes SaaS-Start-up, welches in Daves Programm aufgenommen werden möchte. Die Abkürzung „AARRR" steht dabei für die fünf Phasen des Customer Lifecycles, die von Dave folgendermaßen definiert werden (vgl. Abb. 7.1 AARRR-Funnel Metriken):

- Acquisition (Akquisition)
- Activation (Aktivierung)

- Retention (Loyalität)
- Referral (Empfehlung)
- Revenue (Umsatz)

**Acquisition**
In der Acquisition-Phase versuche ich, den Erfolg meiner Marketing-Kanäle sichtbar zu machen. Typische Marketing-Kanäle sind z. B. bezahlte Werbung auf Adwords, Facebook, Twitter und Co., SEO (Suchmaschinen-Optimierung), PR, Social Media, Blogs, Affiliate-Marketing, E-Mail-Marketing oder auch Offline-Marketing wie Flyer, Messestände oder TV-Werbung. Ich möchte messen, welche dieser Kanäle die größte Reichweite bei den niedrigsten Kosten und der besten Conversion Rate liefern können. Als KPIs nutze ich die Daten direkt aus den Werbeplattformen und Tools wie Google Analytics. Unter anderem beobachte ich die Anzahl der Besucher auf meiner Webseite, Click-Through-Rates, Cost-per-Click, Customer Acquisition Costs pro Marketing-Kanal etc.

**Activation**
Nachdem die Besucher auf meiner Produktseite gelandet sind, möchte ich als Nächstes wissen, wie schnell sie den ersten Nutzen aus meinem Produkt ziehen können und ob es ihnen überhaupt zusagt (User Onboarding). Hier messe ich z. B. das Verhältnis von Besuchern zu Anmeldungen (Anzahl Sign-ups/ Anzahl Besucher = Conversion Rate), die Verweildauer auf der Webseite (> 30 S), die Anzahl der Seitenbesuche (> 2 Seiten) und wie viele Besucher eine zentrale

Total (Costs: AdWords + Video + FacebookAds + Prestashop)

| Event | Count | Conversion | Total Conversion | Cost per step | Funnel |
|---|---|---|---|---|---|
| Sessions | 35311 | 100% | | €0.33 | |
| Sign ups | 3312 | 9% | 100.00% | €3.56 | |
| DOI ✓ | 2584 | 78% | 78.02% | €4.57 | |
| Trustbadge ✓ | 898 | 35% | 27.11% | €13.14 | |
| # reviews > 0 | 770 | 86% | 23.25% | €15.32 | |
| # reviews >= 5 | 181 | 24% | 5.46% | €65.18 | |
| # reviews >= 10 | 115 | 64% | 3.47% | €102.59 | |
| Paid | 25 | | 0.75% | €471.90 | |

**Abb. 7.1** AARRR-Funnel-Metriken von www.Trustbadge.com

Funktion meines Produkts genutzt haben. Viele, schnelle A/B-Tests und Landingpage-Experimente können dabei zu signifikanten Verbesserungen führen.

**Retention**

Einmal gewonnene Nutzer bleiben leider nicht für ewig. Es ist im B2C-Bereich nicht ungewöhnlich, nach 30 Tagen bereits 50 bis 70 % der aktivierten Nutzer zu verlieren. Investoren möchten daher oft die aktiven Nutzer pro Monat (MAU – Monthly Active Users) oder Tag (DAU – Daily Active Users) erfahren. Ein Growth Hacker möchte hier vor allem wissen, wie lange der durchschnittliche Nutzer aktiv bleibt. Wir drücken diesen Wert meist als Retention Rate aus. Bedeutet: der Anteil der User, die zum Beispiel nach einem Monat noch aktiv sind. Die Retention Rate berechnet man offiziell folgendermaßen:

**Customer Retention Rate = ((CE – CN) / CS) × 100**

CE = Anzahl Kunden zum Ende der Periode
CN = Anzahl Neukunden während der Periode
CS = Anzahl Neukunden zu Beginn der Periode

Besonders bei der automatischen Berechnung der Retention Rate zur Laufzeit sind Tools wie Mixpanel und Kissmetrics hilfreich, die deutlich über die Tracking-Funktionalitäten von Standardtools wie Google Analytics hinausgehen.

Die Qualität und der Nutzen des Produktes haben zwar den größten Einfluss auf die Retention, aber viele Growth Hacker haben für ihre Produkte festgestellt, dass regelmäßige E-Mails oder Push-Nachrichten die Retention Rate entscheidend erhöhen können. Daher ist das Messen der Öffnungs- und Klickraten dieser Benachrichtigung ebenfalls wichtig.

**Referral**

Wenn die Nutzer das Produkt dermaßen mögen, dass sie es auch anderen weiterempfehlen, kann dies massiv zum Wachstum oder zumindest zu einer Verringerung der Akquisitionskosten führen. Ein Produkt ist „viral“, wenn der durchschnittliche Nutzer mehr als einen weiteren Nutzer einlädt, wodurch ein exponentielles Wachstum entsteht.

Das ist aber so selten der Fall, dass man sich nicht darauf verlassen sollte. Trotzdem lohnt es sich, zufriedene User an der richtigen Stelle aufzufordern, weitere User einzuladen. Selbst wenn nur jeder zehnte User erfolgreich einen einzigen weiteren User einlädt, habe ich bei gleichem Marketing-Aufwand 10 % mehr

User oder 10 % weniger Kosten. Messen lassen sich hier die Nutzung von Sharing in sozialen Netzwerken, versendete Einladungen, erfolgreiche Einladungen oder die Dauer bis zur erfolgreichen Einladung.

Selbstverständlich lassen sich Weiterempfehlungen heute auch wunderbar incentivieren. Im besten Fall sogar ohne zusätzliche Kosten, indem man den Usern einfach beispielsweise einen Freimonat schenkt oder ein Spezial-Feature freischaltet. Noch günstiger ist die Auszeichnung der Super-User mit den so beliebten Gamification-Badges, wie bei Tripadvisor oder Yelp.

**Revenue**

Am Ende des Tages geht es für den Growth Hacker darum, mit den Usern direkt (Verkäufe) oder indirekt (Werbung) Umsatz zu generieren. Um den Umsatz zu optimieren, möchte man nun herausfinden, wie viele User auch tatsächlich zu zahlenden Kunden werden, wie groß der durchschnittliche Warenwert beim Kauf ist und wie oft ein Kunde erneut kauft.

Jeden dieser Werte kann man optimieren und damit direkt den durchschnittlichen Umsatz pro Nutzer (CLV – Customer Lifetime Value) erhöhen. Hier ist es für den Growth Hacker wichtig, die Conversion-Tracking-Pixel seiner Marketing-Kanäle richtig zu implementieren. Zum Beispiel kann man bei Facebook-Werbung Events (Nutzeraktionen) zurück an Facebook senden, insbesondere an welcher Stelle im Checkout-Prozess der Kunde abgesprungen ist und wie viel Umsatz er generiert hat. Dadurch sind wiederum die Optimierungs-Algorithmen von Facebook in der Lage, die Werbung nur genau den Menschen anzuzeigen, die am wahrscheinlichsten auch zu zahlenden Kunden werden.

Wir erfahren dadurch außerdem genau, welche Kampagne bis auf die Anzeige genau wie viel zum Umsatz oder zur Erreichung der aktuellen Ziele beigetragen hat. Natürlich ist es nicht immer so einfach, besonders dann, wenn viel Zeit zwischen dem Sign-up und dem ersten Umsatz liegt, aber auch dort helfen bestimmte Tools weiter. Dies ist häufig bei SaaS-Produkten der Fall, die eine kostenlose Test-Periode oder eine Demo anbieten.

Für SaaS-Produkte ist oft neben der Retention Rate der monatlich wiederkehrende Umsatz (MRR = Monthly Recurring Revenue) die wichtigste KPI. Der Growth Hacker, der am Ende des Tages besser beurteilen kann, wie hoch der tatsächlicher Wert pro Nutzer ist, und daraufhin in der Lage ist, sein Marketing-Budget besser auszusteuern, hat klare Vorteile gegenüber seiner Konkurrenz.

## 7.4 Kampagnen-Tracking

Als Growth Hacker möchte ich in meinen Analytics-Tools erkennen, welchen Erfolg meine Social-Media-, E-Mail- und Werbe-Kampagnen haben. Zum Beispiel wollen wir wissen, wie viele Sign-ups von Facebook kommen und ob es sich dabei um organische Posts auf einer Fanpage oder um Facebook-Werbung gehandelt hat.

Tools wie Google Analytics oder auch der Facebook-Werbeanzeigenmanager sind dabei leider nur mit begrenzten Möglichkeiten ausgestattet. Aus diesem Grund zeigen wir euch, welche Daten bereits automatisch getrackt werden können und für welche Informationen man noch zusätzlich manuell Hand anlegen sollte:

Google Analytics erkennt heute schon automatisch die „Quelle" und das „Medium", über die ein Besucher auf die Website gekommen ist. Typische Daten für Quellen und Medium, die man in Google Analytics unter Akquisition – Alle Zugriffe – Quelle/Medium findet, sind:

- Google/Organic: Google-Suche (ohne Anzeigen)
- Google-/CPC: Google-Adwords-Anzeigen (Suche, Banner, YouTube)
- images.google.de/Referral: Google-Bildersuche
- Facebook.com/Referral: Facebook-Links wie Posts und Fanpage (oder Facebook-Werbung ohne UTM-Parameter)
- Beispieldomain.de/Referral: Besucher, die von einer Partnerseite über Links kommen

Um das Tracking noch aussagekräftiger zu machen, lassen sich die Parameter für Quelle, Medium, Kampagnen, Content und Keywords, aber auch von Hand überschreiben oder ergänzen.

**Beispiel 1 Facebook-Ads**

Ein Beispiel für Facebook-Ads kann so aussehen:
http://www.growthhackerlove.com?utm_source=Facebook&utm_medium=cpc

- Quelle = utm_source = Facebook
- Medium = utm_medium = cpc

Ein kleiner HTML-Exkurs: Das „?" hinter der URL signalisiert, dass jetzt nur noch Parameter folgen, die von der Website ausgelesen werden können. Mehrere Parameter werden mit einem „&" verknüpft. Mit den Angaben Quelle und

Medium weiß man zumindest, woher der Besucher kommt, aber leider noch nicht aus welche Kampagne oder Anzeige.

Die meisten Performance-Marketing Plattformen liefern Quelle und Medium automatisch und arbeiten zusätzlich mit drei Kampagnen-Ebenen:

- Kampagne: Gruppiert Anzeigengruppen z. B. nach Conversion-Ziel oder Ländern
- Anzeigengruppe: Gruppiert Anzeigen z. B. nach Keywords, Interessen und Retargeting-Gruppen
- Anzeige: Besteht meistens aus Texten, Bildern oder Videos

Während Google Adwords die Werbekampagnen meist gut automatisch mit den richtigen UTM-Parametern „tagged", brauchen Facebook und andere Plattformen deutlich mehr manuelle Hilfe durch weitere Parameter, um korrekt in Google Analytics angezeigt zu werden.

**Beispiel 2 Facebook-Ads**

Ein weiteres Beispiel für Facebook-Ads:
http://www.growthhackerlove.com?utm_source=Facebook&utm_medium=cpc&utm_campaign=OsterSpezial&utm_content=OsterhaseBildOrange

- Quelle = utm_source = Facebook
- Medium = utm_medium = cpc
- Kampagne = utm_campaign = OsterSpezial
- Anzeige = utm_content = OsterhaseBildOrange

Dadurch weiß ich nicht nur, dass der Besucher von bezahlten Facebook-Ads gekommen ist, sondern auch aus der Kampagne „Oster Spezial" und ein oranges Bild mit einem Osterhasen gezeigt hat. Während ich im Facebook-Werbeanzeigenmanager nur sehe, wie viele Klicks zu welchem Preis aus der Kampagne resultieren, sehe ich in Google Analytics & Co., ob z. B. der Benutzer auch tatsächlich einen Sign-up gemacht hat oder etwas gekauft hat. Das erlaubt mir, die Effektivität der Kampagnen und Anzeigen besser zu beurteilen und somit schneller das Budget und meine Zeit auf die Maßnahmen zu lenken, die wirklich effektiv sind.

Nur um es erwähnt zu haben: Es gibt auch die Möglichkeit, über den Facebook-Pixel wichtige Events (Nutzeraktionen) direkt in Facebook auszuwerten und die Kampagnen automatisch optimieren zu lassen, was oft für den Anfang einer Kampagne eine gute Strategie sein kann.

Diese Methodik der detaillierten Anreicherung von „Werbelinks" mit dem Ziel, das Tracking für Growth Hacker so aussagekräftig wie möglich zu gestalten, funktioniert nicht nur bei bezahlter Werbung, sondern bei allen Links, die man im Internet verteilt: Backlinks, E-Mail Links, Social Media Posts mit Links, Forenbeiträge, Gastartikel etc.

Wer einmal mit UTM-Parametern zu spielen begonnen hat, wird den zusätzlichen Nutzen der gewonnenen Daten schnell erkennen. Allerdings ist eine manuelle Anpassung der URL-Paramater auch immer ein Kandidat für Flüchtigkeitsfehler. Achtung!

## 7.5 Welches Analytics Set-up?

Die Anzahl der Möglichkeiten und der damit verbundene Aufwand, um valide Daten zu erheben, ist ein Fass ohne Boden. Daher möchte ich euch an dieser Stelle drei sinnvolle Set-ups empfehlen, die jeweils den unterschiedlichen Anforderungen an euren „Tracking-Bedarf" gerecht werden.

Alle genannten Tools lassen sich in der Regel durch andere ersetzen, die besser in das jeweilige Projekt passen oder den jeweiligen Datenschutzbestimmungen entsprechen. Auch wenn die hier beschriebenen Set-ups „Basis", „Fortgeschritten" und „Profi" heißen, kann es immer noch ein nächst höheres Level geben. Diese Auswahl basiert auf meinen persönlichen Erfahrungen aus der Growth Hacking Praxis und hat das Ziel, wirksam und schnell lernen und handeln zu können.

**Basis: Google Analytics ohne Schnickschnack**
Google Analytics sollte auf fast jeder Webseite installiert sein, um erkennen zu können, wie viele Besucher sich auf welchen Seiten aufhalten. Mit aktivierter IP-Anonymisierung und ohne die Aktivierung zusätzlicher Funktionen ist man hier auch in Deutschland relativ sicher, solange man seinen Pflichten in der Datenschutzerklärung nachkommt. Es gibt heutzutage zahlreiche Tools im Netz, welche die automatische Erstellung von Datenschutzerklärungen für die Website übernehmen, wenn notwendig auch mehrsprachig.

**Vorteile:**

- Set-up in einer Stunde erledigt
- So gut wie keine Entwicklerkenntnisse notwendig
- Keine weiteren Kosten
- Für statische Webseiten zu 80% ausreichend

**Nachteile:**

- Wenig Daten zu Nutzer-Aktionen auf einzelnen Seiten
- Historie einzelner Nutzer ist kaum nachvollziehbar
- Keine demografischen Daten
- Kein Retargeting
- User-Retention-Daten mehr schlecht als recht
- Kein Support

**Fortgeschritten: Google Analytics + Mixpanel**

Google Analytics lässt sich um viele spannende Funktionen erweitern. Aktiviert man die Features für Werbetreibende, sammelt Google Analytics auch demografische Daten (Alter, Geschlecht, Interessen) und ermöglicht das Anlegen von Retargeting-Listen, die von Google Adwords (Suchanzeigen, Banner und YouTube-Werbung) genutzt werden können, um Besucher und Kunden erneut anzusprechen.

Daneben lohnt es sich fast immer die Integration mit der Search Console von Google (ehemals Webmaster Tools), was uns Informationen über die verwendeten Suchmaschinen-Keywords liefert, mit denen ein Nutzer die Seite gefunden hat. Falls Verkäufe im Produkt/auf der Webseite stattfinden, implementiere ich zusätzlich die E-Commerce-Funktionen von Google Analytics, um bis auf den Cent genau zu erkennen, welcher Kanal und welches Event wie viel Umsatz einspült.

In diesem Set-up sollte man auch Ziele in Google Analytics definieren, die die wichtigsten Schritte im Customer Lifecycle repräsentieren (z. B. Sign-up, Nutzung von zentralen Features, Käufe). Ziele können durch Seitenaufrufe (kein zusätzlicher Code) oder Events (mit Javascript) ausgelöst werden und dienen unter anderem als Conversion Events für Adwords.

Sofern es datenschutz-technisch für euch möglich ist, würde ich mir das User-ID-Feature einmal genauer anschauen, weil so auch mit Google Analytics nutzerspezifische Daten sogar deviceübergreifend messbar sind. Dadurch werden die Retention-Daten (im Bereich Kohorten-Analyse) recht brauchbar, und in Kombination mit dem E-Commerce-Tracking bekomme ich passable Werte für die Customer Lifetime Value.

Durch Tools wie Mixpanel (Kissmetrics, Answer, Localytics,...) erhalten Growth Hacker weitere Information, die sie noch besser in die Lage versetzen, ihren Customer Funnel zu optimieren. Der wichtigste Unterschied zu Google Analytics besteht darin, dass Mixpanel nicht in Seitenaufrufen, sondern in Events, also Nutzeraktionen, denkt. Während Google Analytics (ohne Events) nur sieht, dass ein Nutzer auf einer Seite ist, erkennt Mixpanel, was der Nutzer auf dieser Seite tut.

Das ist besonders für Web- und Mobile-Apps wichtig, da häufig viele einzelne Events auf einer einzigen Seite/Screen stattfinden. Diese Events müssen aber erst von einem Entwickler eingebaut werden, bevor Mixpanel sie messen kann. Um 20 Events korrekt zu implementieren, kann schon mal ein Entwicklertag vergehen, daher sollte man sich auf die wesentlichen Nutzeraktionen im Customer Lifecycle konzentrieren.

Auf jeder Seite, die der Nutzer zu sehen bekommt, sollte es meistens eine zentrale Aktion (Call-to-Action) geben, für die man ein Event einsetzt. Mixpanel ist außerdem in der Lage, Nutzer durch seine „People"-Funktion zu identifizieren und eine Historie der Nutzeraktionen anzuzeigen. Das hat den Vorteil, dass wir sehen, was Nutzer tun, bevor sie zahlende Kunden werden oder ein Upgrade machen. Die Nutzer können so auch einfacher segmentiert werden, um ihnen E-Mails und Push-Nachrichten schicken zu können, die dabei helfen, den nächsten wichtigen Schritt zu machen. Mixpanel ist ein Tool, das Conversion Funnels besser visualisiert als Google Analytics und es uns erlaubt, diese Funnel z. B. nach Marketing-Kanälen zu segmentieren.

**Vorteile:**

- Bis 1000 Nutzer und/oder 25.000 Datenpunkten kostenlos
- Nutzeraktionen werden transparenter
- Conversion Funnel können leicht visualisiert werden
- Segmentierung von Nutzern für E-Mails und Push-Nachrichten
- Aktionen bis auf einzelne Nutzer nachvollziehbar
- Conversion-Ziele für Adwords auf Event- und Transaktions-Basis
- Support durch Mixpanel

**Nachteile:**

- Kosten für bis zu 100.000 Nutzer schnell bei 500 EUR pro Monat
- Entwicklerkenntnisse sind notwendig
- Set-up mit Events benötigt oft mehrere Tage
- Events müssen bei Änderungen gepflegt werden
- Events müssen für Google Analytics und Mixpanel separat implementiert werden

**Profi: Google Analytics + Mixpanel + Segment + X**

Analytics Tools gibt es heute wie Sand am Meer, und nicht selten kommt es vor, dass man sich nach einer Weile für ein anderes oder weitere Tools entscheidet. Normalerweise ist es dann notwendig, die Events für das neue Tool noch einmal zu implementieren, was wiederum Aufwand für Entwickler bedeutet.

Spätestens an dieser Stelle macht es Sinn, ein Datenhub wie „Segment" zu benutzen. Alle Events müssen hier nur ein einziges Mal im Segment-Stil implementiert werden und alle mit Segment verbundenen Analytics Tools bekommen die gleichen Seitenaufrufe, Events, Nutzer und Transaktionen geliefert. Selbst CRM-Software wie Salesforce, Hubspot oder Web-Chats wie Userlike und Intercom lassen sich so in wenigen Minuten andocken. Alle Daten, die von Segment gesammelt werden, können auch rückwirkend in neue Tools eingespielt werden.

Für alle Growth Hacker, die gerne selbst ihre Daten auswerten, statt dies Tools zu überlassen, bietet Segment optional eine Data-Warehouse-Funktion. So können alle Daten z. B. über eine PostgreSQL-Datenbank zur Verfügung gestellt werden. Das hat den Vorteil, die Daten aller Analytics Tools an einer Stelle zu haben, um Zusammenhänge noch besser erkennen zu können. Die Daten können dann z. B. mit einem SQL-basierten Dashboard wie „Mode" visualisiert werden.

**Vorteile:**
- Bestes Set-up, das noch von einem Entwickler nebenher verwaltet werden kann
- Seitenaufrufe, Events, Nutzer und Transaktionen müssen nur einmal implementiert werden
- Änderungen an den Events müssen nur an einer Stelle vorgenommen werden
- Integration weiterer Tools wird stark vereinfacht
- Support durch Mixpanel, Segment + X

**Nachteile:**
- Falls Analytics Tools schon vorhanden sind, muss auf Segment umgestellt werden
- Kosten für Segment und Datenbank-Hosting entstehen
- Set-up mit Events benötigt oft mehrere Tage

**Autor des Gastbeitrags**

Ben Sufiani ist Founder & CEO von 6metrics.co – einer Growth Marketing Agency aus Köln. Ben ist Spezialist für Analytics und Growth-Marketing. Seit acht Jahren betreibt er datengetriebenes Marketing und Produktentwicklung für Webseiten sowie mobile Apps. Als Veranstalter des Traction & Growth Meetups in Köln,sorgt er für einen aktiven Austausch unter Growth Hackern zu Themen wie den AARRR Metrics, Virales Marketing und Business Model Validation.

## Literatur

1. IBM. http://m.ibm.com/http/www-01.ibm.com/software/data/bigdata/what-is-big-data html. Zugegriffen: 8. Okt. 2016.
2. McClure, Dave. 2016. http://www.slideshare.net/dmc500hats/startup-metrics-for-pirates-long-version. Zugegriffen: 7. Okt. 2016.

# 8 Liebe Deine Technologie

Ein modularer und vor allem skalierender Aufbau von IT-Systemen ist in vielen großen und kleinen Unternehmen schon seit vielen Jahren ein strategisches Thema. So ist eine skalierende technische Infrastruktur einerseits ein riesiger Growth-Enabler, andererseits – wenn es schlecht läuft – ein Growth-Disabler. Wer möchte schon im Moment des größten Erfolges, in dem die erste TV-Werbung ausgestrahlt wird oder das Produkt das erste Mal wirklich „viral" geht, erleben, dass die eigene IT-Infrastruktur dem Traffic nicht standhält? Die eigene IT-Architektur ist im besten Fall wie ein guter Schiedsrichter beim Fußball: „Man sieht ihn 90 min nicht. Er funktioniert einfach."

User Experience Designer denken schon lange in sogenannten Design-Patterns, also wiederverwendbaren Design-Elementen. Diese nehmen eine Menge Arbeit ab, da man nicht das Rad immer wieder neu erfinden muss. Gleichermaßen schaffen sie für den User eine gewisse Einheitlichkeit. Das Gleiche gilt beim Einsatz moderner Entwicklungsframeworks. Developer schreiben viele Stellen im Code heute nicht mehr neu, sondern greifen auf fertige Bibliotheken zurück. Gott sei Dank.

**Beispiel**

Ein lustiges Beispiel. In meinem ersten Programmierpraktikum im zweiten Semester meines Wirtschaftsinformatik-Studiums hat ein Kommilitone den gregorianischen Kalender in drei Monaten komplett in Java nachprogrammiert, inklusive Schaltjahre und Co. Jeden Morgen, wenn wir ins PC-Labor kamen, war er schon da, wenn wir abends gingen immer noch. Wir wussten auch die ganze Zeit nicht, was er da tat. Er meinte nur, er sei noch am „Kalender dran". Bei der Code-Abnahme zum Ende des Praktikums wurde ihm dann mitgeteilt, dass in Java eine fertige Kalender-Bibliothek existiert und diese nicht mehr neu


H. Lennarz, *Growth Hacking mit Strategie*,
DOI 10.1007/978-3-658-16231-3_8

programmiert werden muss. Wir staunten alle. Spätestens seit diesem Vorfall weiß ich ziemlich genau, was es bedeutet, auf vorgefertigte Module setzen zu können, statt jede Kleinigkeit neu programmieren zu müssen.

Noch ein Beispiel für Modularisierung oder die Wiederverwendbarkeit von Code. Die zahlreichen App-Stores auf dieser Welt sind wahrscheinlich die bekanntesten Beispiele, was man mit einem modularen Aufbau eines Systems erreichen kann. Das mobile Betriebssystem von Apple iOS bietet die Kernfunktionalitäten an, die der User eines iPhones benötigt. Telefonieren, Fotos machen, Musik hören. Durch Millionen von Apps, die durch die Community erstellt und angeboten werden, wird die Funktionalität des iPhones jedoch je nach Wunsch des Users um beliebige Funktionalitäten erweitert. Genial. Das Ganze funktioniert technisch natürlich nur, wenn das Kernstück der Software iOS durch die einzelnen Apps nicht verändert werden kann. So kann das Betriebssystem eigenständig betrieben und weiterentwickelt sowie auch die Apps eigenverantwortlich weiterentwickelt werden.

## 8.1 APIs

Modulare Systeme sind nur dann sinnvoll, wenn man die einzelnen unabhängigen Module, Apps, Extensions oder Microservices miteinander verbinden kann. Ob die zu verbindenden Systeme eigene Applikationen, Standard-Software-Tools oder andere beliebige Fremdsysteme sind, ist relativ egal. Hierfür werden heute Schnittstellen implementiert, die man als API bezeichnet.

### 8.1.1 Was ist eine API?

> An application-programming interface (API) is a set of programming instructions and standards for accessing a Web-based software application or Web tool. A software company releases its API to the public so that other software developers can design products that are powered by its service [1].

APIs werden nur für den einen Zweck gebaut, dass verschiedene Systeme oder Module miteinander Daten austauschen können.

**Beispiel API**

Ein einfaches Beispiel für eine API: Früher musste man in einem System A einen Export von Daten in ein Excel-File machen und dies dann in ein anderes System B wieder hochladen. Funktionierte. Aber es waren einige manuelle Schritte, die sich immer wieder wiederholen, notwendig. Zudem müssen natürlich auch die Export- und die Importfunktionen der Systeme erst mal vorhanden sein. Eine API würde diesen Prozess automatisieren. Wie oft und wann dies geschehen soll, kann man optimalerweise bei der Integration der API konfigurieren. Ein weiterer Vorteil ist der Aspekt, dass die automatisch immer wieder importierten Daten deutlich aktueller vorliegen, statt immer mit einer „menschlichen" Verzögerung gezogen werden zu müssen. Eine schöne neue Welt, oder?

### 8.1.2 API-Implementierung

Der technische Betrieb einer eigenen API hat aber auch seine Tücken, wie könnte es anders sein. Gerade bei der technischen Konzeption von APIs gilt es, einige Dinge bereits im Vorfeld zu bedenken, wie z. B.:

- Wer sind die Nutzer der API?
- Wie stellt man eine technisch performante API zur Verfügung?
- Wie sichert man den Zugang zu einer API bestmöglich ab?
- Welche Daten werden per API zur Verfügung gestellt und welche vielleicht sogar bewusst nicht?
- Wie kann ich eine API monetarisieren?
- Wie kann ich eine API, die einmal beim Kunden integriert ist, weiterentwickeln, ohne dass er seine Integration ändern muss?
- Wie kontrolliere ich API-Traffic?

Wie für jedes Feature, muss man sich im Vorfeld über die Zielgruppe klar werden. Sind es Großkunden, die mehr Individualisierung brauchen, oder doch eher die breite Masse? Allein diese Fragestellung wird Entscheidungen bezüglich technischer Performance, Zugangssicherung und dem Business-Modell erfordern.

Vor allem der Punkt Performance ist erfahrungsgemäß besonders kritisch, da man die Last durch die Fremdsystem-Integration im Vorfeld nur schwer abschätzen kann. Welchen Traffic erwartet der Kunde wirklich? Hat er Last-Peaks? Für einen SaaS-Tool-Betreiber ist es unmöglich, hierzu von allen Kunden schon im Vorfeld valide Antworten zu bekommen.

Eine performante und skalierende Infrastruktur für den Betrieb von APIs aufzubauen, ist zudem kostspielig, sodass dies im Business-Modell berücksichtigt werden sollte, um nicht hinterher am Pricing für die User nachbessern zu müssen.

Das ist ein Grund, warum Google Maps schon seit vielen Jahren die API-Nutzung pro User begrenzt. Nicht nur technisch ein sinnvoller Riegel, um die eigene System-Performance nicht zu gefährden, sondern auch in puncto Business-Modell clever. Denn natürlich können User mit viel Traffic mehr Zugriffe auf die API dazukaufen.

> **Wichtig** Bei allen Vorteilen, welche die Veröffentlichung einer eigenen API mit sich bringt, sollte man niemals die Kontrolle vollständig aus der Hand geben. Nutzungsbedingungen, Autorisierungsverfahren, eine solide Daten-Architektur und integrierte Tracking-Mechanismen dürfen beim API-Design nicht fehlen. Das gilt auch für Start-ups. Hat man keinen API-Experten im Team, sollte man die Finger von APIs lassen oder sich von API-Spezialisten unterstützen lassen. Die erste API von einem fremdsprachigen Upwork-Entwickler implementieren zu lassen, ist garantiert keine gute Idee.

Dass eine skalierende und modulare IT-Infrastruktur eine Grundvoraussetzung für erfolgreiches Growth Hacking sein muss, ist vor allem vielen Start-ups in der Anfangsphase nicht klar. Viele Start-ups scheitern oftmals auch daran, dass sie in ihrem Gründer-Team keinen erfahrenen Techie mit dabei hatten. Das ist kritisch, nicht nur für die Investorensuche.

## 8.2 Growth Hacking mit APIs

Die Fähigkeit, APIs nicht nur in den eigenen Systemen integrieren zu können, ist enorm wichtig geworden, aber ebenso wichtig, eigene APIs bauen zu können. Warum? Eine eigene API zu veröffentlichen, kann schnell zu einem richtigen Growth Hack werden. Die Publikation beispielsweise der Twitter-API hatte 2007 einen ganz besonderen Effekt: einen epischen Growth Hack. Durch die Öffnung der Twitter-Streams „Livefeed", „Tweets eines Users" und „Tweets pro Hashtag" konnten Hunderte von Websites, Portalen und Blogs kontextbasiert Live-Konversationen von Twitter integrieren. Heute Standard für jede Online-Tageszeitung, damals „Wooow!": Live-Content, integriert von einer anderen Plattform. Das war wirklich unglaublich, auch für meine damaligen eigenen Affiliate-Websites.

Ich erinnere mich gut, wie ich zu der Zeit als Wordpress-SEO sehr viel Traffic mit lustigen Twitter-Content-Spielereien auf meine Websites schaufeln konnte. Der Google-Algorithmus funktionierte allerdings ein bisschen anders als heute, ein paar Jahre vor den Panda- und Pinguin-Updates, die wir heute hinter uns haben.

Zu dieser Zeit entstand auch eines meiner ersten eigenen Online-Tools mit dem Titel „Tweet-Rank: Wie gut sind Deine Tweets? Analysiere, warum Du Follower gewinnst oder verlierst". Allerdings erhöhten sich mit steigender Bekanntheit des Projektes leider auch die Performance-Probleme meines selbst programmierten Analytics-Tools exponentiell. Mein Strato-Webserver für 9 EUR monatlich konnte die 4000 bis 5000 Besucher am Tag nicht mehr aushalten. Welche Überraschung, wenn man die Twitter-API nicht cacht und die eigenen Datenbank-Zugriffe mit jedem Request immer wieder neu direkt aus der Datenbank abruft. Das habe ich damals beim Skripten auf jeden Fall unterschätzt.

Eine Neuprogrammierung hätte sein müssen, die ich zeitlich wegen anderer Projekte allerdings nicht leisten konnte. Schade eigentlich, denn Social-Media-Monitoring-Tools gab es damals noch überhaupt nicht. Und ich hatte zumindest ein richtig gutes MVP gebaut, das den ganzen Twitter-Newbies eine Rückmeldung geben konnte, was auf Twitter funktioniert und was eben nicht. Zumindest habe ich seitdem ein sehr klares Verständnis davon, wie wichtig von Beginn an die Bereitstellung einer skalierenden IT-Infrastruktur sein kann.

Durch die Öffnung der Twitter-APIs entstanden auf diese Art Tausende von Apps und Web-Projekten, die Twitter damals ungeahnte Reichweite bescherten. Das für damalige Verhältnisse Verrückte war, dass die User quasi Twitter nutzten, ohne die Website oder die App von Twitter besuchen zu müssen. Live-Konversationen zu bestimmten Hashtags wie zum Beispiel auf Konferenzen (#seocampixx, …), Fernsehsendungen (#hassmartin, #dsds, #bauersuchtfrau, #sdr, …) oder zum aktuellen Weltgeschehen (#ripmichael, …) verbreiteten sich in Windeseile. Übrigens wurde so auch der Hashtag erfunden. In diesem Zusammenhang werden sich bestimmt viele an das erste Livefoto zum Flugzeugabsturz im Hudson-River 2009 erinnern [2].

### Integration von APIs

APIs ermöglichen also Programmierern, Partnern oder aber auch Kunden eine individuelle Verwendung des eigenen Produktes. Möglicherweise fernab der ursprünglichen Idee, die man als Standard-Produkt über die eigene Plattform anbietet. Somit können die Reichweite des eigenen Produkts beziehungsweise das Engagement der eigenen User mit dem Produkt in der Regel deutlich gesteigert werden.

Nebenbei bemerkt, ist die technische Integration einer API in das System der Kunden mit einem entscheidenden weiteren Vorteil behaftet, den man nicht immer sofort erkennt: ein echter Growth Hack zur Reduzierung der Churn Rate. Je tiefer das Produkt technisch in ein Fremdsystem integriert wird, desto geringer ist die Wahrscheinlichkeit, dass der Kunde die Integration wieder rückgängig macht. Schließlich ist für eine technische Integration immer Aufwand der Entwickler angefallen. Diesen gilt es bekanntlich, irgendwie zu vermeiden, zumal für den Ausbau der Lösung aus dem eigenen System vermutlich ebenfalls wieder Aufwände anfallen.

Gerade in größeren Unternehmen gibt es jedoch oftmals Vorbehalte gegenüber der Veröffentlichung von APIs, da schlichtweg die Erfahrung im Umgang damit fehlt. Hinzu kommt die Sorge, dass man die APIs und deren Verwendung nicht kontrollieren könne.

Für Produkte, die das Sammeln und Veröffentlichen von User Generated Content als Kernfunktionalität ausspielen – wie Twitter, Facebook, YouTube, eBay und Co. – sind APIs ein strategischer Growth Hack. Denn sowohl das Sammeln des Contents als auch das Erstellen des Contents können problemlos über Drittsysteme angeboten werden. Somit erhöhen sie einerseits die Reichweite ihres Contents und zum anderen auch die Menge des Contents, der quasi ohne Hürden von überall eingestellt werden kann.

Weitere Business-Modelle, die in jüngster Vergangenheit von der Bereitstellung eigener APIs profitiert haben:

- Bereitstellung von Speicherplatz (Dropbox)
- E-Mail-Services (Mailchimp)
- Foto-Services (Flickr)
- Shop-Systeme (Shopify)
- Online-Payment-Services (PayPal)
- Daten-Anreicherung (Google Maps)
- Web-Analytics (Google Analytics)
- Übersetzungsservices (lingo24)

Banken und Versicherungen als Unternehmen mit besonders sensiblen Userdaten sind verständlicherweise noch immer relativ zurückhaltend mit der Bereitstellung von APIs. Die Fintech-Szene schläft allerdings nicht. So organisiert beispielsweise die Deutsche Bank regelmäßig Hackathons, bei denen sie Entwickler einlädt, um sie mit ihren APIs „herumspielen“ zu lassen. Auch die Deutsche Post zieht nach, genau wie die Allianz Versicherung. Willkommen in der Digitalisierung, eine ausgezeichnete Idee.

**Payment-Prozess als Modul**

Da die meisten meiner Projekte einen E-Commerce-Hintergrund haben, bin ich mir dessen bewusst, wie wichtig ein flüssiger Bezahlprozess für den Erfolg einer E-Commerce-Plattform ist:

- Bietet man die richtigen Zahlungsanbieter für die jeweilige Zielgruppe an?
- Läuft die Bezahlung im System wirklich sehr einfach und ohne Hürden ab?
- Wie sieht es aus mit der Zahlungsabwicklung nach der Bestellung?
- Wie wickelt man wiederkehrende Zahlungen möglichst automatisiert ab?

Ein Großteil der Marketing-Kosten gehen an dieser Stelle leider wieder verloren. Kunden werden teuer eingekauft, in den Bestellprozess gehoben und scheitern dann letztendlich an der Bezahlung.

Bevor es salonfähige APIs und einen eigenen Markt für Payment-Provider gab, hat diesen Prozess nahezu jeder Händler selbst implementieren müssen. Heutzutage ist jedoch dringend davon abzuraten, da es eine Vielzahl von „fertigen" Payment-Providern gibt, die sich mithilfe einer API-Integration leicht in den eigenen Bestellprozess integrieren lassen.

Vor allem für international agierende Unternehmen, die im jeweiligen Markt unterschiedliche Zahlungsmodalitäten anbieten müssen, um die Kundenwünsche erfüllen zu können, ist die Integration eines Payment-Providers heutzutage dringend zu empfehlen. Niemand möchte pro Markt unterschiedliche Bestellprozesse selbst implementieren müssen.

**Beispiel AirBnB**

AirBnB hatte dies früh erkannt und hat von Beginn an pro Markt unterschiedliche Payment-Solutions integriert, um die User-Needs zu treffen. Nur so wurde es dem Unternehmen möglich, in 190 Ländern unterwegs sein zu können.

Ein tolles Beispiel für die Modularisierung des eigenen Technology-Stacks, in dem man das Payment-Modul komplett abkapselt und durch ein Fremdsystem abwickeln lässt, statt es vollständig selbst zu entwickeln. Natürlich sind Payment-Solutions nicht günstig, da sie an jeder Transaktion mit partizipieren möchten. Aus meiner Sicht allerdings für beide Seiten ein guter Deal, da ich mich mit meinem Produkt weiterhin auf meine Kernprozesse konzentrieren kann.

## 8.3 Growth Hacking Automatisierung

Growth Hacking bedeutet für viele Experten gleichzeitig die Automatisierung der zugehörigen Prozesse. „Das läuft dann alles automatisch ab, kostet damit so gut wie nichts und man wird quasi automatisch steinreich."

Eine falsche Annahme. Denn natürlich kostet Growth Hacking Geld, schließlich muss irgendjemand die Growth Hacks umsetzen. Vielleicht lässt die Arbeit sich nicht auf die Kostenstelle „Marketing“ verbuchen, sondern eher auf die „Technology“-Kostenstelle, aber Geld kostet sie trotzdem.

Das Gleiche gilt für das Thema Zeitaufwand. Natürlich kostet Growth Hacking jede Menge Zeit. Selten ist die erste Version eines Growth Hacks auch diejenige, die schon wirklich abgeht wie eine Rakete. Weitere Iterationen zu implementieren und sich an die Märkte und Kunden anzupassen, kostet selbstverständlich eine Menge Zeit und Geduld. Das ist ein Problem für viele Start-ups. Wer nicht genügend Geld und Zeit zum Testen und Optimieren einplant, der wird mit Growth Hacking Marketing scheitern.

Natürlich gibt es Beispiele von Business-Modellen, die zumindest gefühlt über Nacht zur Milliarden-Dollar-Company geworden sind. Wie viel Arbeit im Vorfeld schon investiert wurde und wie viele Fehlversuche es bereits gegeben hat, wird meistens nicht betrachtet.

**Nicht zu früh automatisieren**

Damit die Kosten von Growth-Marketing im Rahmen bleiben, versuchen Growth Hacker, die zugehörigen Prozesse sinnvollerweise zu automatisieren. Ein Grund mehr, warum ein vollausgestattetes Growth Hacking Team mit ausreichend technischen Skills ausgestattet sein sollte. Eine besondere Herausforderung ist herauszufinden, ab welchem Zeitpunkt sich ein Prozess automatisieren lassen sollte. Erfahrungsgemäß sollte man den Großteil der Growth Hacking Prozesse erst einmal manuell ausprobieren, um festzustellen, ob sie wirklich den gewünschten Effekt bringen oder eben nicht. Hat man schon im Vorfeld Aufwand in die Automatisierung des Prozesses gesteckt, so stellt sich dieser Aufwand vielleicht im späteren Verlauf als überflüssig heraus. Bei Prozessen, die sich direkt auf die User Experience auswirken, können wichtige User-Signale und -Feedbacks schnell übersehen werden, wenn man diese Prozesse zu früh automatisiert.

**Beispiel PayPal als neue Zahlungsart**

Im Sign-up-Formular plant ihr, PayPal als weitere Zahlungsart hinzufügen, um die Konversionsrate zu steigern. Jetzt kann man natürlich PayPal direkt mit viel Aufwand in die Bestellseite integrieren. Alternativ könnte man jedoch auch erst mal einen PayPal-Test-Link ohne Funktionalität dahinter integrieren und im Live-Betrieb testen, wie viele User auf diesen Link klicken. So misst man quasi ohne großen Aufwand das Interesse der User an einer PayPal-Zahlung. Fallen die User-Reaktionen wie erwartet aus oder vielleicht sogar noch besser, lohnt sich die Integration der automatischen PayPal-Zahlungsabwicklung.

**Beispiel automatisierte Texte**

Ein weiteres Beispiel, welches schon immer kontrovers diskutiert wurde, auch schon damals zu den Hardcore-SEO-Zeiten, ist die automatische Erstellung von Texten. Für Online-Shops geht es dabei vorwiegend um Produktbeschreibungstexte, die möglichst gut für den User und möglichst einzigartig für Google sein müssen, ein Höllenaufwand für Online-Shops mit mehreren Tausend Produkten. Genau deswegen bietet sich an dieser Stelle eine Automatisierung an. Bevor man jedoch 10.000 Texte automatisieren lässt und deren Wirkung auf den User und Google gar nicht kennt, sollte man mit kleineren Mengen anfangen und deren Wirkung intensiv beobachten.

**Noch ein Beispiel – Kundenbewertungen** Auch der letzte Online-Marketer hat mittlerweile verstanden, dass das Einholen und Anzeigen von Kundenbewertungen auf den Verkaufsseiten konversionssteigernd ist. „1233 User haben das Tool schon positiv bewertet. Jetzt alle Bewertungen im Detail anschauen." Man kennt das. Leider ist das Einholen von „echten" Kundenbewertungen gar nicht so einfach. Entweder schreibt man jeden Kunden zu einem gewissen Zeitpunkt persönlich an und bittet um eine Empfehlung, oder man sendet den Kunden automatisiert eine sogenannte Bewertungsaufforderungs-Mail. Gut gemacht, springt dabei allerdings maximal eine Bewertungs-Konversionsrate von 10 % bis 15 % raus. Das bedeutet, von 100 Kunden erhält man maximal zehn bis 15 Bewertungen. Gerade bei Start-ups oder Nischen-Produkten kann das Sammeln einer relevanten Anzahl von Bewertungen entsprechend lang dauern. Schnell kommt der Gedanke auf, dass man sich Bewertungen ja auch im Auftrag schreiben lassen kann. Es gibt zahlreiche Agenturen, Crowdworker oder Services wie Amazon Automated Turk, mit denen man sich Bewertungen schreiben lassen kann. Natürlich sind dies keine echten Bewertungen. Vielleicht bringen sie auch, vor allem bei Amazon, kurzfristigen Erfolg. Allerdings ist das Risiko, mit Fake-Bewertungen aufzufliegen und damit seine komplette Marke zu zerstören, relativ hoch. Die Bewertungstool-Anbieter investieren immer mehr in das automatische Aufdecken von Fakes, genau wie in das Anprangern der „Faker". Dazu gehört das Einleiten rechtlicher Schritte. Kundenbewertungen automatisieren ja, allerdings bitte nur im Rahmen des eigenen Customer Lifecycles.

**Und noch ein Beispiel – Twitter und Instagram** Jeder Growth Hacker garantiert kennt das: Ob bei Twitter oder Instagram, die wichtigste KPI für die Qualität eines Accounts ist die Anzahl der Follower, zumindest auf den ersten Blick. Sofern man allerdings nicht in der glücklichen Lage ist, ein Celebrity 'à la Justin

Bieber, Lukas Podolski, Neil Patel, Mario Götze oder Elon Musk zu sein, ist der Aufbau einer derart großen „Gefolgschaft“ von mehreren Millionen quasi unmöglich. Außer …

So konnte man zum Beispiel früher bei Twitter mit sehr einfachen, selbst gebauten „Follow, Follow-Back“ PHP-Skripts Twitter-Accounts bis zu mehreren Zehntausend Followern aufblasen. Ein toller automatisierter Prozess, der einfach per Cronjobs angestoßen werden konnte. Hatte man die ersten 10.000 Follower eingesammelt, stellte sich allerdings schnell die Frage, was man denn mit diesen „x-beliebigen“ Followern überhaupt anstellen könnte. Schließlich waren diese alles andere als gut getargeted, sondern vielmehr irgendwelche Twitter-User. Eine Automatisierung, mit der man sich damals als der große Social Media Influencer darstellen lassen konnte – allerdings war der echte Influencer-Status gleich null.

Außer, die User schauen ausschließlich nur auf die Anzahl der Follower. Was häufig passiert, allerdings niemals eine valide KPI sein sollte für die positive Relevanz-Bewertung eines Social-Media-Accounts. Viel eher geht es um die Engagement-Rate, das Verhältnis der Anzahl der User-Interaktionen eines Postings zur Anzahl der User, die das Posting auch gesehen haben.

Das gleiche Prinzip funktioniert für Instagram. Wobei man hier mittlerweile ein bisschen mehr targeten kann, indem man anderen Usern, die dem eigenen Profil ähneln, einfach durch „Follow-Follow-Back“ die Gefolgschaft kopiert. Was es bringt? Ich denke, zum Affiliatelink-Spamming reicht es. Einen langfristigen Effekt wird dies in der Regel allerdings nicht haben. Ziemliches Black-Hat-Zeugs, welches ich Start-ups oder Unternehmen mit bestehenden Brands nicht zwingend empfehlen würde.

**Beispiel Appstore-Marketing**

Ein allerletztes Beispiel – leider ein schmerzhaftes: Wir starteten ein Projekt bei Trusted Shops mit dem Ziel, möglichst viele Sign-ups für unser Freemium-Angebot über die Appstores der Shopsoftware-Systeme einzusammeln. By the way – mittlerweile ein beliebter Growth Hack, sich mit einer Erweiterung, einem Plug-in oder einer App in ein bestehendes Eco-System reinzudrängeln. Leider relativ aufwendig, aber dafür meistens mit gutem Ergebnis.

Wir hatten gerade eine brandneue Shopify-App im Shopify Appstore verfügbar gemacht. Tolle Landingpage-Texte, tolle Produkttour und eine klare Call-to-Action zum kostenlosen Sign-up. Also, alles startklar. Nach gut zwei Wochen war die App endlich in die Appstore-Suchmaschine von Shopify aufgenommen. Allerdings fand sie niemand. Keine Downloads der App, keine Sign-ups. Nichts. Eigentlich genau wie in den guten alten SEO-Zeiten, in denen man auf die Besucher warten musste und immer weiter optimierte.

Über einen Kontakt, der bei Shopify arbeitet, fanden wir heraus, dass unsere App nur eine Chance hat, in der Shopify-Suchmaschine nach oben zu gelangen, wenn sie eine bestimmte Anzahl Downloads im Zeitraum von ein oder zwei Wochen vorzeigen kann. Na toll, ein Henne-Ei-Problem. Wie soll man denn Downloads bekommen, wenn man nicht gefunden wird?

Darüber hinaus fanden wir heraus, dass das zweite kritische Ranking-Kriterium die Anzahl positiver Kundenbewertungen über den Appstore sei. Was nun? Als Bewertungstool-Anbieter kommt natürlich das Faken von Bewertungen nicht infrage. Mein 21-jähriger Growth Hacker, den ich mit dem Appstore-Marketing beauftragt hatte, konnte dies nicht verstehen. Aber er hatte auch nicht die Verantwortung für die komplette Unternehmensmarke zu tragen. Bewertungen faken, nein. Aber wie kommt man an Downloads?

Ganz einfach, wir beauftragten eine kleine Agentur, in unregelmäßigen Abständen die App aus dem Appstore downzuloaden. Natürlich mit immer unterschiedlichen echten E-Mail- und IP-Adressen. Maximal Vorgabe waren 50 unique Downloads der App am Tag. Siehe da, wir rutschten sehr schnell in die Top 5 in der Kategorie „Marketing Apps“. Super. Und schon landeten wir auch die ersten „echten“ Downloads und Sign-ups aus aller Welt. Wunderbar. Diese User konnten wir onboarden und anschließend sogar noch manuell um eine Review bitten. Alles gut, wir verspürten so etwas wie Traction.

Eines Tages bekam ich eine Mail von einem Shopify-Mitarbeiter. „Lieber Hendrik, eure App läuft ja super und wir würden euch gern auf der Shopify-Startseite für eine Woche featuren. Sendet uns bitte Grafiken, Texte in den richtigen Formaten xy zu.“ Yes. Featuring auf der Startseite, geht ab wie eine Rakete, dachten wir (vgl. Abb. 8.1 Screenshot Shopify Appstore).

Nachdem wir drei Tage auf der Startseite gefeatured wurden und dadurch auch nicht signifikant mehr User eingesammelt hatten als nur über die interne Suchmaschine, kam es, wie es kommen musste. Der Shopify-Mitarbeiter bat uns um Stellungnahme, wie es zu dem plötzlichen und vor allem regelmäßigen Anstieg der Download-Zahlen kommen konnte. Aus der Nummer kam ich leider nicht mehr raus. Ich konnte ihn jedoch dazu bewegen, unsere Shopify-App nicht vollständig aus dem Appstore zu verbannen. Stattdessen kamen wir nur zehn Tage auf die Strafbank. Glück gehabt.

Was haben wir daraus gelernt? Appstore-Marketing ist eine ganz neue Disziplin im Growth Hacking. Die Ranking-Kriterien der Appstores sind noch relativ leicht zu überlisten. Eigentlich vergleichbar mit den anfänglichen SEO-Zeiten. Das verleitet allerdings auch schnell dazu, über die Strenge zu schlagen, wie in unserem Fall. Aber die Konkurrenz schläft nicht.

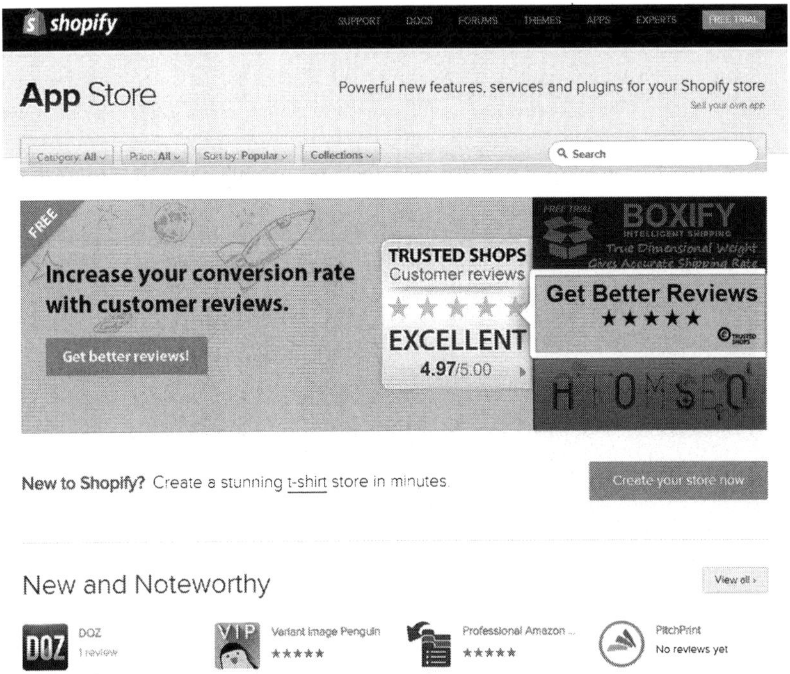


**Abb. 8.1** Screenshot Shopify Appstore: Zugegriffen am 07.04.2016

> **Tipp** Sorgt immer dafür, dass ihr „natürliche" Wachstumszahlen vorweisen könnt. Alles andere ist zu auffällig und richtet sich später gegen euch. Das bedeutet im Umkehrschluss, dass Appstore-Marketing deutlich mehr Zeit in Anspruch nimmt, als die meisten „klassischen" Online-Marketer sich es wünschen.

## 8.4 Der CTO

„Ohne einen modularen und automatisch skalierenden Technologie-Stack gewinnt man heute keinen Blumentopf." „Wenn die IT zum Business-Behinderer statt zum Business-Förderer wird." „CTOs – die CEOs der Zukunft." Dies könnten Headlines auf dem Manager-Magazin von morgen sein, oder?

Tatsache ist, man redet über Technologie. Selbst diejenigen, die es nicht merken, schwärmen davon, wie sie ihre neue Smartwatch problemlos mir ihrem iPhone koppeln. Andere schimpfen darüber, dass ihr Keyless-Entry am Auto gestern gehackt wurde. Wiederum andere besänftigen ihre zweijährige Tochter bei langen Autofahrten mit „Shaun das Schaf"-Folgen via Amazon Instant Video auf dem iPhone.

In Abschn. 2.2.5 ging es bereits um den Support von Architekten und um die Notwendigkeit einer DevOps-Kultur. Neben einer übergreifenden Produktvision fragen vor allem externe Stakeholder und Investoren immer wieder nach der holistischen Technologie-Vision alias Applikations-Architektur. Spätestens dann laufen gefühlt alle los und suchen sich die notwendigen Informationen zusammen. Ein Tech-Stack, der zwar irgendwie valide, allerdings auch zukunftsträchtig sein muss, wird theoretisch zusammengezimmert.

Die bessere Alternative ist, dass man einen fähigen CTO (Chief Technology Officer) in den eigenen Reihen hat, der den zukunftsträchtigen Tech-Stack nicht nur mit seiner Truppe bereits implementiert hat, sondern in diesem Moment die benötigte Dokumentation „Stakeholder-ready" aus dem Hut zaubert.

### 8.4.1 Wann brauche ich einen CTO?

Viele Start-ups und auch ambitionierte Unternehmen fragen sich: „Wann brauche ich einen CTO?" Lars Jankowfsky, CTO und Founder der Swoodoo AG, sagt dazu: *„Stellt bitte erst einen CTO ein, wenn ihr merkt, dass ihr einen benötigt"* [3]. Bei technologisch getriebenen Start-ups ist die Entscheidung oftmals sehr einfach. Denn spätestens in den ersten Investoren-Gesprächen wird die sogenannte Technologie-Kompetenz des Gründerteams abgefragt. Ich persönlich habe einige Start-ups erlebt, deren Investorenrunden daran gescheitert sind, dass sie keinen CTO in ihrer Gründer-Mannschaft vorweisen konnten. Bedeutet: kein Tech-Start-up ohne Tech-Expertise im Gründerteam.

In gewachsenen oder stark wachsenden Unternehmen existieren oft ganz andere Herausforderungen. So hat man in der Regel ein Technologie-Team mit gewissen Strukturen, zum Beispiel: einen Head of Development, der die Entwickler-Mannschaft irgendwie zusammenhält. Einen Lead-Developer, der das ganze System leider nur in seinem Kopf dokumentiert hat. Manchmal wurde einer dieser Leute zum CTO gemacht, da man einen brauchte.

Die Anforderungen an die Technologie haben sich in der letzten Zeit enorm geändert, damit einhergehend auch die Anforderungen an die Mitarbeiter der Technologie. Leider ist es im Normalfall nicht so, dass die klassischen IT-Manager die

Agilität besitzen, ständig auf innovative Technologien zu setzen. Selbstverständlich getrieben und gleichzeitig behindert durch businessgetriebene Zielvorgaben. Zeit für ein ausführliches Code-Refactoring oder die Automatisierung der Tests wird offiziell nur in den wenigsten IT-Abteilungen genehmigt, richtig?

Spätestens wenn die IT-Systeme nicht mehr richtig mit dem Business-Wachstum skalieren und man in regelmäßigen Abständen an den Punkt kommt, dass es wirklich kritisch wird, ist es Zeit für einen CTO.

**Beispiel Weihnachtsgeschäft**

Das Beispiel Weihnachtsgeschäft im E-Commerce ist ein Klassiker. Kein Online-Shop dieser Welt möchte den kompletten Sommer damit verbringen, das IT-System jedes Jahr so umbauen zu müssen, dass man den stets überproportional steigenden Besucheransturm an Weihnachten übersteht. Diese Zeit und das Geld wären viel besser in die Aufbereitung der richtigen Marketing-Kampagnen und die steigenden Anforderungen an die Logistik investiert.

### 8.4.2 Was muss ein CTO können?

Man muss unterscheiden zwischen einem „Head of Technology", dem „CTO" und einem „Investor-CTO" – sagt auch Lars Jankowfsky [3].

Ein Head of Technology programmiert im besten Fall so gut wie kein anderer und ist gleichzeitig Mastermind der Software-Architektur sowie der DevOps-Philosophie. Ein Head of Technology besitzt zudem ein gutes Händchen für das Recruiting sowie die Motivation seiner Teams.

Ein CTO (Chief Technology Officer) hingegen programmiert nicht selbst oder nicht mehr selbst. Er ist unangefochtener Herrscher der IT-Strategie sowie der Architektur-Vision, natürlich in ständigem Austausch mit seinem Head of Technology. Das Recruiting, die Verwaltung des IT-Budgets und die Organisation der IT-Teams gehören zu seinen Kernkompetenzen. Oftmals ist der CTO auch Mitglied der Geschäftsführung („C-Level"), da diese mit technischer Entscheidungskompetenz deutlich besser ausgestattet ist.

Der Investor-CTO hingegen ist ein Mitglied der Geschäftsführung und ist damit in der Regel sogar die Basis für strategische Entscheidungen. Zudem gilt er als Ansprechpartner Nummer 1 für Investoren- oder Übernahmegespräche. Genau wie für die Presse oder als „cooles" Aushängeschild für Speaking-Events oder Tech-Konferenzen (Abb. 8.2).

Ein nicht unüblicher Verlauf, der vielen Start-ups und gewachsenen Unternehmen bekannt sein wird, ist zum Beispiel: Der erste Entwickler in einem Start-up schraubt das erste MVP zusammen. Das Ganze funktioniert. Schon kurze Zeit

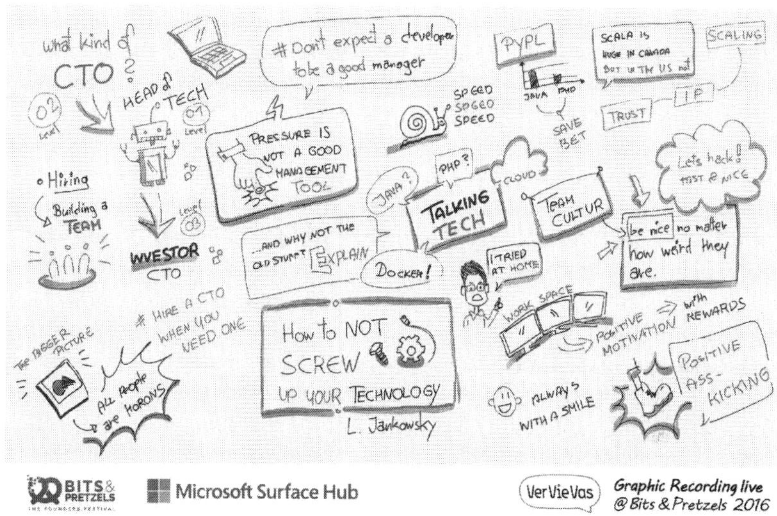


**Abb. 8.2** „How to not screw your Technology", Präsentation von Lars Jankowfsky [3]

später stellt man ihm die ersten Entwickler zur Seite. Es funktioniert immer noch, sodass man ihn zum „Head of Tech" ernennt. Dort macht er auch einen ordentlichen Job. Das System wächst, genau wie das Team und die Anforderungen an das Team und den Technology-Stack. Nach einiger Zeit benötigt man allerdings einen CTO, weil zum Beispiel Investoren danach fragen. Schnell drängt sich die Idee auf, den Head of Tech zum CTO zu machen. Warum auch nicht. Allerdings tut man sich selbst und auch dem Head of Tech allzu oft damit keinen großen Gefallen, denn sehr gute Entwickler oder Leiter von Entwickler-Teams müssen nicht immer gleichzeitig sehr gute Manager sein. Im Worst-Case bleibt damit nicht nur das Problem des fehlenden CTOs ungelöst, sondern man hat auch noch einen tollen Head of Tech verloren.

## Literatur

1. Roos, Dave. 2007. http://money.howstuffworks.com/business-communications/how-to-leverage-an-api-for-conferencing1.html. Zugegriffen: 08. Okt. 2016.
2. Respers, Lisa. 2009. http://edition.cnn.com/2009/TECH/01/22/social.networking.news/. Zugegriffen: 08. Okt. 2016.
3. Vorträge auf der BitsandPretzels Konferenz vom 25.–27.10.2016 in München. https://www.bitsandpretzels.com/.

# 9 Niemals aufgeben!

*Growth Hacking ist kein Sprint, sondern ein Marathon!*

Ersetzt man „Growth Hacking“ mit „Eine Gründung“, ist dieser Spruch sicherlich jedem bekannt, der in der Start-up-Szene unterwegs ist. Selbstverständlich lässt sich der Spruch auch auf erfolgreiches Growth Management anwenden. Denn in 99,9 % der Fälle ist es nicht der eine erfolgreiche Growth Hack oder der eine geschickte strategische Move, der ein Start-up durch die Decke schießen lässt. Vielmehr handelt es sich um eine Frage des richtigen Prozesses – genau wie bei einem Marathon.

Wie sieht ein guter Prozess für ein erfolgreiches Marathon-Finish aus? Auf die Entscheidung, einen Marathon laufen zu wollen, folgt die Planung hinsichtlich bestem Zeitpunkt und Ort. Ist die Zeit für eine Vorbereitung nicht zu knapp bemessen? War die Anmeldung erfolgreich, folgen intensive Trainingswochen und Monate. Kurze Läufe, lange Läufe, Intervallläufe. Manchmal morgens, manchmal abends. Manche Einheiten fühlen sich toll an, andere nicht. Im Winter ist es am schlimmsten, da es morgens noch dunkel ist und abends schon wieder dunkel, wenn man mit dem Training beginnt. Die richtige Motivation und der von mir persönlich viel beschworene Brutal-Finisher-Instinkt sind gefragt: Man muss es wirklich wollen.

Dann ist sie endlich da, die Wettkampfwoche. Tapering, um die Energietanks zu füllen. Die richtige Ernährung und möglichst viel Entspannung ist das Motto. Jetzt bloß nichts Neues mehr ausprobieren: Auf der Marathonmesse nichts mehr andrehen lassen. Keine ungewohnten Energiegels. Keine neuen Laufsocken und erst recht keinen neuen Laufschuhe.

Ein Espresso, ein Marmeladentoast und noch einmal zur Toilette. Dann ertönt der Startschuss und es geht los. Nicht zu schnell am Anfang, sagen alle. Aber die



H. Lennarz, *Growth Hacking mit Strategie*,
DOI 10.1007/978-3-658-16231-3_9

Zuschauer und die schnelleren Läufer pushen einen die ersten fünf bis 15 km enorm. Zu schnell, zu langsam – welche Pace war noch mal die richtige für das angestrebte Ziel? Könnte ich vielleicht schneller laufen als eigentlich geplant? Magenkrämpfe, Wadenkrämpfe, Regen, zu viel Sonne oder der berühmte „Mann mit dem Hammer“ bei Kilometer 32. Alles ist möglich, jederzeit.

Auf den letzten vier Kilometern muss man immer kämpfen, jeder aus einem anderen Grund. Der eine hat noch Luft und gibt Vollgas, um die eigene Bestzeit zu unterbieten. Der andere quält sich mit Blasen an den Füßen oder Knieproblemen bis ins Ziel.

Ein Marathon ist kein Zuckerschlecken. Er ist eine langfristige Abfolge der richtigen Aktivitäten mit dem übergreifenden Ziel „Marathon-Finish“. Ein Marathon-Finish ist ein Prozess, genau wie erfolgreiches Growth Management.

## 9.1 Growth Hacking Prozess

Die Welt wird zunehmend digitalisiert. Gefühlt erobern täglich neue Technologien den Markt. Wer hätte zum Beispiel gedacht, dass Flugdrohnen im Jahr 2016 nicht nur noch von Nerds geliebt werden, sondern zudem auch hoch professionell zur Landminensuche oder für Brückenkontrollen eingesetzt werden. Weitere Beispiele für innovative Technologien gibt es viele. Von selbstfahrenden Autos über permanent verbundene Smartphones bis hin zu Virtual-Reality-Brillen, die einem das Gefühl vermitteln, beim Film „Gladiator“ selbst mit den Löwen in der Arena zu kämpfen.

Für uns als Verbraucher sind diese Innovationen natürlich großartig, da sie im besten Fall unser Leben in der Zukunft ein bisschen einfacher machen. So hoffen wir zumindest.

Für uns als Hersteller, Anbieter oder Händler sind die Innovationen grundsätzlich ebenfalls positiv zu bewerten, da wir unseren Kunden immer weitere innovative Produkte und Services anbieten können. Zumindest solange wir mit der Innovation Schritt halten können. Schritt halten wird jedoch immer schwieriger, denn die Anzahl der Konkurrenten, die sich auch in der eigenen Zielgruppe tummeln, wächst.

Allein mit der Möglichkeit, jedes Produkt auch online bestellen zu können, steigt das Angebot für Verbraucher ins Unermessliche. Gleichermaßen sinkt jedoch die Markenloyalität beim Treffen von Kaufentscheidungen immer weiter. So beispielsweise bei Fahrradkäufern. Nur 42 % der Nutzer schränken ihre Suche nach einer bestimmten Marke ein [1]. Die Weltmarken Mercedes und BMW hätten sich vermutlich vor zehn Jahren niemals denken können, dass ihnen 2016 ein

No-Name-Autohersteller aus Silicon Valley das Leben in ihren Spezialdisziplinen der gehobenen Mittelklasse, der Oberklasse und bei den Limousinen derart schwer machen würde (vgl. Abb. 9.1 Tesla-Verkaufszahlen ) [2].

Unabhängig davon, ob man für eine Industrie arbeitet, die von der digitalen Disruption bedroht ist oder für ein Start-up, welches schnellstmöglich den Markt erobern möchte, das richtige Growth Hacking Mindset wird dabei eine bedeutende Rolle spielen.

> **Richtig orchestrieren** Ganz sicher wird es jedoch nicht nur dieser eine einzige geniale Growth Hack sein, der den Erfolg bringen wird. Vielmehr geht es um das Orchestrieren eines Growth Hacking Prozesses, der ein integraler Bestandteil des Tagesgeschäfts der Technologie- und Marketingteams werden muss. Beständiges Growth Management bringt alle Aktivitäten in Einklang miteinander, die auf das Wachstum des Unternehmens einzahlen. Immer mit dem Ziel, das beste Growth-Ergebnis für das Unternehmen zu erzielen – genau wie beim Marathon.

Marathon-Finisher wissen, hat man den ersten Marathon erst mal erfolgreich vollendet, folgen meist schon bald weitere, bei denen man die Fehler des ersten auszumerzen versucht, auch irgendwie schon ein Growth Hacking Prozess.

**U.S. Sales of Large Luxury Vehicles**

| MODEL | 2015 Sales | 2014 Sales | % Change |
|---|---|---|---|
| Tesla Model S | 25,202 | 16,689 | 51.01% |
| Audi A7 | 7,721 | 8,133 | -5.07% |
| Audi A8 | 4,990 | 5,904 | -15.48% |
| BMW 6-Series | 8,146 | 8,647 | -5.79% |
| BMW 7-Series | 9,292 | 9,744 | -4.64% |
| Jaguar XJ | 3,611 | 4,329 | -16.59% |
| Lexus LS | 7,165 | 8,559 | -16.29% |
| Mercedes-Benz CLS-Class | 6,152 | 6,981 | -11.88% |
| Mercedes-Benz S-Class | 21,934 | 25,276 | -13.22% |
| Porsche Panamera | 4,985 | 5,740 | -13.15% |
| **Total** | **99,198** | **100,002** | **-0.80%** |

*Source: Company reports*

**Abb. 9.1** Tesla-Verkaufszahlen im Vergleich zu Mercedes, BMW und Co. [2]

## 9.2 Digitale Transformation

Früher sprach man in Unternehmen generell von Change Management, wenn es darum ging, umfassende und weitreichende strategische Veränderungen in einer bestehenden Organisation umzusetzen. Heute hängt dies sehr oft mit der Digitalisierung zusammen, weshalb man in diesem Zusammenhang von der digitalen Transformation spricht. Eine besondere Art des Change Managements. Die großen Corporates, die Jahrzehnte extrem erfolgreich waren beziehungsweise aktuell auch noch sind, mussten lernen, sich tagtäglich mit digitalem Innovationsmanagement zu beschäftigen. Die Sorge vor der noch jungen, aber sehr aggressiven digitalen Konkurrenz ist immens hoch.

Diese Konkurrenz in Form von Start-ups, die häufig auf digitalen Plattform-Modellen basieren, ist extrem schnell und agil in der Umsetzung, unkonventionell in ihren Strategien, technologisch sehr affin und vor allem sehr treffgenau in der Befriedigung der Kundenbedürfnisse.

Dabei gehen sie in der Regel wie folgt vor: Sie probieren ihre neuen Ideen und Methoden zunächst auf kleineren, sehr speziellen Nischenmärkten aus. Hier lässt sich eng am Kunden arbeiten und das Produkt somit in kurzer Zeit stetig verbessern. Anschließend lassen sich etablierte Unternehmen auf breiter Front angreifen, oftmals mit unschlagbar günstigen Preisen oder durch das Ausnutzen von Netzwerkeffekten – zwei strategische Growth Hacks.

### 9.2.1 Digitale Plattform vs. Pipeline

„Disruptive Innovation beschreibt einen Prozess, bei dem ein Produkt oder eine Dienstleistung ihren Anfang in einer zunächst simplen Anwendung am unteren Ende des Marktes nimmt und dann unaufhörlich nach oben aufsteigt, wo es früher oder später dann den etablierten Wettbewerber ersetzt", schreibt Harvard-Ökonom Clayton Christensen in „The Innovator's Dilemma" [3].

Um zu verstehen, wie die Plattform-Modelle von Uber, Apple, AirBnB heute funktionieren, sollte man zu Beginn einen Blick auf die Wertschöpfungskette „klassischer Geschäftsmodelle" werfen. Diese haben auf der einen Seite einen Produzenten, der ein Produkt oder einen Service entwickelt und auf den Markt bringt. Auf der anderen Seite findet ein Abnehmer dieses Angebot und kauft es. Wegen der Eindimensionalität der Wertschöpfungskette dieses Modells bezeichnet es Geoffrey G. Parker in seinem Werk „Platform Revolution" [4] als Pipeline-Business.

Im Laufe der Jahre wechselten immer mehr Firmen ihr Geschäftsmodell von einem Pipeline-Business zu einem Plattform-Business. Man wechselt also von einem Produzenten-Anbieter-Modell hin zu einem komplexeren Modell, in dem Produzenten, Verbraucher und auch die Plattform selbst in verschiedene Rollen schlüpfen können. Dabei bietet die Plattform lediglich die Funktionalitäten zur Interaktion der User an, wie zum Beispiel: Unterhaltungen, Transaktionen oder das Konsumieren von Inhalten. Jede Plattform funktioniert wiederum anders, da die User völlig individuell interagieren und sich natürlich auch die angebotenen Funktionalitäten der Plattformen unterscheiden können.

**Beispiel**

In der Smartphone-Branche existieren momentan zwei riesige Plattformen: iOS von Apple und Android von Google. User können auf diesen Plattformen Hunderte Services konsumieren, die von der Plattform selbst angeboten werden, wie zum Beispiel das Fotografieren mit der integrierten iPhone-Kamera. Allerdings können die User auch auf Tausende weitere Funktionalitäten für die iPhone-Fotografie in Form von Apps zugreifen: Fotobearbeitung, Fotoverbreitung in soziale Netzwerke und so weiter. Diese Apps werden jedoch nicht vom Plattform-Anbieter selbst entwickelt und zur Verfügung gestellt, also von Apple oder Google, sondern von externen Entwicklern.

Die Plattform selbst stellt demnach den Konsumenten die Summe aus einer unendlichen Zahl von „Fremd-Applikationen" und einer endlichen Zahl von eigenen Kernfunktionalitäten zur Verfügung. Somit ein riesiger Mehrwert für den Konsumenten. Darüber hinaus stellt die Plattform aber auch für die Entwickler der Fremd-Applikationen einen enormen Mehrwert dar, da sie diesen einen völlig neuen Vertriebskanal bieten kann. Die Plattform muss dann „nur" noch dafür Sorge tragen, dass dieses Ökosystem funktioniert, indem es zum Beispiel nur saubere und funktionierende Applikationen in die Appstores auf nimmt.

Klingt irgendwie trivial? Ist es auch. Der Clou dabei ist, dass Plattform-Modelle deutlich schneller wachsen und skalieren können als herkömmliche Pipeline-Businesses.

Die Gründe:

- Plattformen skalieren besser, da sie Gatekeeper beseitigen, beispielsweise Kuratoren. Parker [2] nennt das Beispiel von Buch-Editoren, die sich nur eine gewisse Anzahl Bücher vornehmen und veröffentlichen können. Hoffentlich sind die richtigen Bücher dabei, die die Leserschaft ebenfalls gut finden werden. Hingegen kann auf der Plattform Amazon-Kindle heute jeder ein Buch hochladen und zum Verkauf anbieten. Der Erfolg oder Misserfolg entscheidet sich jedoch nicht anhand der Vorauswahl eines Editors, sondern aufgrund des in Amazon integrierten Bewertungssystems der User. Die Community der User entscheidet somit selbst, welche Bücher die besten sind und welche nicht. Die Arbeitskraft eines einzelnen Editors ist hingegen beschränkt und subjektiv – und somit eine Behinderung für das Business-Wachstum.

- Plattformen breiten sich rasend schnell aus, da sie sich nicht auf das „Produkt" konzentrieren müssen: Die Hotelketten Marriot oder Hilton wachsen, indem sie neue Hotels suchen, finden oder selbst komplett neu bauen müssen, was kostspielig und vor allem auch sehr zeitintensiv ist. Die Wohnungsanbieter-Plattform AirBnB hingegen stellt einfach nur die Plattform mit Suche-, Reservierungs- und Bewertungssystem zur Verfügung, auf der Wohnungen und Häuser von den Usern selbst angeboten werden. AirBnB besitzt keine eigenen Häuser und Wohnungen und spart sich damit den Aufwand des „Betriebs der Wohnungen oder Hotels" vollständig. Stattdessen konzentriert sich das Unternehmen auf das Angebot der Kernfunktionalitäten der Online-Plattform.
- Plattformen regulieren sich selbst durch Community-Feedback: Bewertungssysteme sind eine Kernfunktionalität aller Online-Plattformen. Angebote, die zu viele negative Bewertungen erhalten, verschwinden in der Regel von der Plattform. Angebote mit Hunderten positiven Bewertungen können hingegen enorm erfolgreich werden. Auch YouTube ist hierfür ein schönes Beispiel. Die Like-Dislike-Funktion sowie die Anzahl der Views eines Videos sind für den User eine sehr einfache Metrik, um die Qualität eines Videos zu bewerten. Man stelle sich einmal vor, jedes einzelne YouTube-Video müsste von einem Redaktions-Team überprüft werden?
- Plattformen fokussieren sich auf ihre User statt auf sich selbst. Tom Goodwin, Senior Vice President von Havas Media, beschreibt es so: „Uber, die weltgrößte Taxi-Company, besitzt kein einziges eigenes Taxi. Facebook, der weltbekannteste Anbieter von Inhalten, erstellt kein einziges Stück Inhalt selbst. Alibaba, der wertvollste Online-Händler, hat kein eigenes Inventar. AirBnB, der weltgrößte Anbieter von Unterkünften rund um die Welt, besitzt kein einziges Gebäude. Alle Ressourcen werden von der Community bereitgestellt, nicht von der Plattform selbst" [2].

- Plattformen profitieren von Netzwerkeffekten und „füttern sich damit selbst“: Wissenschaftlich formuliert handelt es sich bei Plattformen wie Facebook & Co. um „Systeme mit positiver Rückkopplung“. Mit jedem neuen User auf der Plattform, Anbieter oder Konsument steigt der Nutzen für alle Teilnehmer. Ist demnach eine kritische Masse an Nutzern erst einmal erreicht, wächst ihre Zahl nicht mehr linear, sondern exponentiell. Die Herausforderung zum Start der Plattform ist, eine kritische Masse zu bekommen. Das berühmte Henne-Ei-Problem. Die Lösung dafür, kann wiederum im Growth Hacking liegen. Ein Invite-System, mit dem User ihre Freunde in die Plattform einladen können, bescherte nicht nur Marc Zuckerberg beim Start von Facebook die notwendige kritische Masse.
- Plattformen haben bereits viele Märkte radikal umgekrempelt. Jede Industrie hat scheinbar irgendwie und irgendwo die Möglichkeit für eine Online-Plattform. Auch wenn dies noch von vielen Großunternehmen nicht gern gehört ist.

Aber seien wir mal ehrlich, es ist derzeit nicht einfach für die Großunternehmen. Nehmen wir unsere geliebten deutschen Autohersteller. Womit sollten sie sich denn jetzt am ehesten beschäftigen? Mit der weiteren Optimierung des Dieselmotors? Mit dem Elektromotor? Mit selbstfahrenden Autos? Oder mit dem Aufbau einer Plattform, in der beispielsweise alle Mercedes-Fahrer untereinander vernetzt sind, die offen ist für externe Applikationen und Anbieter? Wirklich schwierig. Offenbar müssen sie sich mit all diesen Themen gleichzeitig beschäftigen,ebenso wie mit ihrem Tagesgeschäft, die bestehende Nachfrage nach ihren Modellen lediglich abzuverkaufen. Tesla, Apple und Co. schlafen nicht. Aber ich persönlich habe den Eindruck, die deutschen Autobauer Mercedes, BMW und Co. schlafen auch nicht, zumindest nicht so sehr, wie die Presse es derzeit darstellt.

## 9.2.2 Digitale Plattform-Modelle

Letztendlich werden die Bedürfnisse der User entscheiden, wie beispielsweise das Auto der Zukunft aussieht und funktioniert. Wahrscheinlich wird meine Tochter auch niemals verstehen müssen, wieso ihre Lieblings-Kika-Sendung morgens im TV auf einmal um 8.30 Uhr vorbei ist und sie nicht weitergucken kann. Sie wächst mit Online-Streaming und YouTube auf (vgl. Abb. 9.2 Disruptive Businesses).

| INDUSTRY | EXAMPLES |
|---|---|
| Agriculture | John Deere, Intuit Fasal |
| Communication and Networking | LinkedIn, Facebook, Twitter, Tinder, Instagram, Snapchat, WeChat |
| Consumer Goods | Philips, McCormick Foods FlavorPrint |
| Education | Udemy, Skillshare, Coursera, edX, Duolingo |
| Energy and Heavy Industry | Nest, Tesla Powerwall, General Electric, EnerNOC |
| Finance | Bitcoin, Lending Club, Kickstarter |
| Health Care | Cohealo, SimplyInsured, Kaiser Permanente |
| Gaming | Xbox, Nintendo, PlayStation |
| Labor and Professional Services | Upwork, Fiverr, 99designs, Sittercity, LegalZoom |
| Local Services | Yelp, Foursquare, Groupon, Angie's List |
| Logistics and Delivery | Munchery, Foodpanda, Haier Group |
| Media | Medium, Viki, YouTube, Wikipedia, Huffington Post, Kindle Publishing |
| Operating Systems | iOS, Android, MacOS, Microsoft Windows |
| Retail | Amazon, Alibaba, Walgreens, Burberry, Shopkick |
| Transportation | Uber, Waze, BlaBlaCar, GrabTaxi, Ola Cabs |
| Travel | Airbnb, TripAdvisor |

**Abb. 9.2** Disruptive Businesses [2]

# Literatur

1. Studie des Internet-Marktplatzes BikeExchange. 2015. https://ecommerce-news-magazin.de/e-commerce-news/e-commerce-studien/bikeexchange-fahrradmarktstudie-2015-wenig-markenloyalitaet-bei-fahrradkaeufern/. Zugegriffen: 13. Okt. 2016.
2. Shahan, Zachary. 2016. https://cleantechnica.com/2016/02/10/tesla-dominates-large-luxury-car-market-in-us-updated-figures/. Zugegriffen: 8. Okt. 2016.
3. Christensen, Clayton M., et al. 2011. *The Innovators Dilemma: Warum etablierte Unternehmen den Wettbewerb um bahnbrechende Innovationen verlieren*. München: Vahlen.
4. Parker, Geoffrey, et al. 2016. *Platform revolution: How networked markets are transforming the economy and how to make them work for you*. New York: W.W. Norton & Company.

# 10 Dein Growth Hacking Readiness Score

Es ist geschafft! Du hast bis hierher durchgehalten und damit auf jeden Fall Deinen persönlichen „Brutal-Finisher-Instinkt“ bewiesen – ein Must-have für einen guten Growth Hacker.

**Aber wie geht es jetzt weiter?**
Aus mittlerweile unzähligen Workshops kenne ich die Frage: „Womit soll ich denn jetzt anfangen?“ Meine Antwort war bislang immer: „Man muss schauen, wo Du genau stehst. Wo drückt der Schuh am meisten?“ Hört sich aufwendig an, oder?

Damit Du sofort starten kannst, die wirklich richtig krassen Growth Hacks umzusetzen, haben wir den Growth Hacking Readiness Score entwickelt. Dieser Quick-Check gibt Dir eine kurze und knackige Antwort darauf, was Du tun musst, um Dein Start-up oder Dein Unternehmen mit Growth Hacking erfolgreicher zu machen. Zahlreichen Marketern, Produkt Managern und Start-up-Gründern konnten wir damit schon helfen.

Also, checke Deinen Growth Readiness Score auf: http://growthhackingscore.com/

Hunderte Growth Hacks von den bekanntesten Growth Hackern weltweit wie Sean Ellis, Neil Pathel oder Gabriel Weinberg findest Du stets aktuell auf meiner Website http://www.growthhackingacademy.de.


H. Lennarz, *Growth Hacking mit Strategie*,
DOI 10.1007/978-3-658-16231-3_10

Printed in Poland
by Amazon Fulfillment
Poland Sp. z o.o., Wrocław

79113077R00096